SCHÄDEL-HIRN-VERLETZUNGEN

W0173371

Dorothy Gronwall / Philip Wrightson / Peter Waddell

SCHÄDEL-HIRN-VERLETZUNGEN

Krankheitsbilder – Ursachen – Behandlung

Aus dem Englischen übersetzt
von Klaus D. Wiedmann

Spektrum Akademischer Verlag Heidelberg · Berlin · Oxford

Originaltitel: Head Injury. The Facts. A Guide for Families and Care-Givers.
Aus dem Englischen übersetzt von Klaus D. Wiedmann

Englische Originalausgabe bei Oxford University Press
© 1990 Dorothy Gronwall, Philip Wrightson, Peter Waddell

Die Deutsche Bibliothek – CIP-Einheitsaufnahme

Gronwall, Dorothy :
Schädel-Hirn-Verletzungen : Krankheitsbilder, Ursachen, Behandlung / Dorothy
Gronwall, Philip Wrightson und Peter Waddell. Aus dem Engl. übers. von Klaus D.
Wiedmann. – Heidelberg ; Berlin ; Oxford : Spektrum, Akad. Verl., 1993
  (Verständliche Medizin)
  Einheitssacht.: Head injury <dt.>
  ISBN 3-86025-083-3
NE: Wrightson, Philip:; Waddell, Peter:

©1993 Spektrum Akademischer Verlag GmbH Heidelberg · Berlin · Oxford

Lektorat: Ursula Loos
Redaktion: Ingrid Koch-Dubbers, Volker Doberstein
Produktion: Brigitte Achauer, Susanne Tochtermann
Umschlaggestaltung: Claus Rieger
Druck und Verarbeitung: Colordruck, Leimen

Spektrum Akademischer Verlag Heidelberg · Berlin · Oxford

EIN VERLAG DER   *SPEKTRUM FACHVERLAGE GMBH*

Gedruckt auf umweltfreundlichem Papier

Inhalt

Vorwort des Übersetzers

Ihr Angehöriger oder Freund hat bei einem Unfall eine Kopfverletzung erlitten. Wenn es sich dabei um einen schweren Verkehrsunfall gehandelt hat, wurde darüber vielleicht in der Lokalpresse berichtet. Wenn er jedoch von einer Leiter gefallen ist oder sich am Arbeitsplatz verletzt hat, wird außer Ihnen wohl kaum jemand in der Öffentlichkeit davon Notiz genommen haben. In beiden Fällen werden Sie feststellen, daß Sie nach kurzer Zeit mit den Sorgen und Nöten, die der Unfall mit sich gebracht hat, alleine sind. Sie werden viele Fragen haben. Aber nur wenige Leute werden Ihre Fragen umfassend beantworten können. Bei der Suche nach einschlägiger Literatur werden Sie häufig zu hören bekommen: „Es gibt eigentlich kein Buch für Angehörige" oder „Ich könnte Ihnen da schon etwas empfehlen, aber das ist schon eher etwas für Fachleute". Dies war der Grund, warum das vorliegende Buch geschrieben wurde: Um Angehörigen, also Laien, dabei zu helfen, jene Fragen beantwortet zu bekommen, die erfahrungsgemäß immer wieder auftauchen.

Dieses Buch wurde ursprünglich in Neuseeland für Angehörige von Patienten mit Schädel-Hirn-Verletzung (Schädel-Hirn-Trauma) geschrieben. Viele von Ihnen werden vielleicht inzwischen aus eigener Erfahrung wissen, daß die Auswirkungen eines Schädel-Hirn-Traumas nicht mit der Entlassung aus dem Krankenhaus enden. Im Gegenteil, nach der Entlassung wird die Tragweite vieler Probleme überhaupt erst deutlich. Diese Probleme scheinen zumindest überall in der westlichen Welt die gleichen zu sein. Studien aus verschiedenen Ländern haben dies wiederholt gezeigt. Auch im deutschsprachigen Raum sind überwiegend jüngere Leute von Kopfschmerzen betroffen, und in der Mehrzahl sind die Patienten männlich. Auch was die Auswirkungen auf Familie, Schule und Beruf betrifft, bestehen keine wesentlichen Unterschiede zwischen den Betroffenen verschiedener Nationen.

Eine Gruppe, die noch weniger oder überhaupt keine Schlagzeilen macht, sind Patienten, die einen Schlaganfall oder eine Gehirnblutung erlitten haben. Ein Schlaganfall hat natürlich andere Ursachen als ein Schädel-Hirn-Trauma. Beim Schlaganfall wird ein wichtiges Blutgefäß im Gehirn blockiert; dadurch wird der Gehirnteil, den dieses Blutgefäß versorgt, nicht mehr mit Sauerstoff und Nahrung beliefert. Als Folge davon wird das Nervengewebe geschädigt, Nervenzellen sterben ab und werden nicht mehr erneuert. Bei einer Gehirnblutung platzt ein Blutgefäß, das Blut kann sich sammeln, eine lebensgefährliche Blutung oder einen Bluterguß bilden und das umliegende Gewebe zerstören. Außerdem kann ein geschädigtes Blutgefäß zu einer Unterversorgung eines weiteren Teiles des Nervengewebes führen. In beiden Fällen kommt es zu neurologischen Ausfällen. Eine Reihe dieser Ausfälle sind denen beim Schädel-Hirn-Trauma recht ähnlich. Es kann zu Lähmungen, Sprach- und Denkstörungen und Schwierigkeiten beim Handeln kommen. Gedächtnis, Aufmerksamkeit und Konzentrationsfähigkeit können beeinträchtigt sein; häufig treten auch Störungen im Gefühlsleben auf. Eine weitere Parallele zum Schädel-Hirn-Trauma besteht darin, daß die Schädigung völlig unvermittelt eintritt. Es war dem Betroffenen nicht möglich, sich darauf vorzubereiten. Noch deutlicher treten die Ähnlichkeiten bei den längerfristigen Auswirkungen hervor: die andauernde körperliche und/oder geistige Behinderung, der Verlust der Unabhängigkeit, des Arbeitsplatzes, des Ansehens in Familie und Gesellschaft sowie die Auswirkungen auf die Angehörigen. Die Altersstruktur ist bei Schlaganfallpatienten anders als bei Schädel-Hirn-Verletzten. Das Durchschnittsalter beträgt bei Schlaganfällen etwa 60 Jahre, bei Schädel-Hirn-Verletzungen etwa 35 Jahre. Dadurch stellt sich zum Beispiel die Frage nach der beruflichen Wiedereingliederung in unterschiedlicher Weise. In vielen Fällen bedeutet ein Schlaganfall, besonders angesichts der gegenwärtigen Wirtschaftslage, die frühzeitige Berufsunfähigkeit. Auch bei einem guten Rentensystem kommt es häufig zu finanziellen Einbußen, auf die viele Patienten nicht vorbereitet sind. Die Mehrheit fühlt sich durch die aus der Krankheit resultierenden andauernden Behinderungen um die Früchte eines anstrengenden Arbeitslebens gebracht.

Mit Ausnahme der Kapitel 2 und 3, die speziell die Umstände des Schädel-Hirn-Traumas beschreiben, befaßt sich dieses Buch zum größten Teil mit den Auswirkungen einer Hirnschädigung, die als „Handikap" bezeichnet werden können. Unter Handikap versteht man jene Auswirkungen einer Hirnschädigung, die sich, unabhängig von der Art der Schädigung und der Behinderung, auf das Familien- und Sozialleben eines Patienten beziehen. Aus diesem Grund kann das vorliegende Buch für Angehörige von Schlaganfallpatienten von genauso großem Nutzen sein wie für Angehörige von Schädel-Hirn-Verletzten. Der besseren Lesbarkeit wegen werden wir aber zumeist nur von „Patienten mit einer Kopfverletzung" sprechen.

Wie bereits erwähnt, kann der Inhalt dieses Buches ohne Bedenken auf den deutschsprachigen Raum übertragen werden. An wenigen Stellen, an denen es wesentliche Unterschiede zwischen den Systemen gibt, wurden Anmerkungen durch den Übersetzer eingefügt.

Zum Abschluß möchte ich mich herzlichst bei meinem Kollegen Holger Grötzbach bedanken, der durch seine Hilfe und eifrige Unterstützung wesentlich zur Verständlichkeit des deutschen Textes beigetragen hat.

Schaufling, Februar 1993
Klaus D. Wiedmann

Vorwort der Autoren

Wann wird es meinem Sohn besser gehen? Wird er sich vollständig erholen? Warum wird meine Frau immer noch so leicht müde, obwohl ihr Unfall schon fast ein Jahr zurückliegt? Wann wird Vater wieder zur Arbeit gehen können? Warum kommen die Freundinnen unserer Tochter nicht mehr zu Besuch?

Solche Fragen sind uns immer wieder gestellt worden. Aus diesem Grund haben wir das vorliegende Buch geschrieben. Es wendet sich an Angehörige und Freunde Schädel-Hirn-Verletzter, die etwas über die Auswirkungen der Verletzungen eines ihnen nahestehenden Menschen erfahren möchten. Es wendet sich aber auch an Lehrer, Arbeitgeber und alle diejenigen, die mit der Wiedereingliederung eines Patienten in Ausbildung, Beruf und soziales Umfeld zu tun haben. Wir erläutern die Probleme, die bei den einzelnen Genesungsschritten des Patienten auf die Betreuer zukommen können und versuchen, Möglichkeiten zur Bewältigung dieser Probleme aufzuzeigen.

Dieses Buch richtet sich in erster Linie an medizinische Laien, es ist daher leicht verständlich geschrieben. Unvermeidliche Fachausdrücke, die Ihnen zum Teil aus Ihren Gesprächen mit den behandelnden Ärzten bekannt vorkommen dürften, werden im Text und im Glossar erklärt. Des weiteren finden Sie praktische Ratschläge, die sich auf unsere langjährige Erfahrung in der Rehabilitation von Schädel-Hirn-Verletzten gründen; wir haben aber auch all das berücksichtigt, was wir von den Bezugspersonen unserer Patienten gelernt haben. Erwarten Sie keine eingehenden Beschreibungen der Anatomie, der Physiologie und der Gehirnfunktionen; dieses Buch beschäftigt sich vielmehr mit den Problemen, mit denen die Betroffenen im Alltag konfrontiert werden.

Wir haben uns bemüht, möglichst viele Fragen zu beantworten. Dennoch werden Sie unter Umständen feststellen müssen, daß trotz der Lektüre des Buches einige Aspekte, die für Ihre konkrete Situation von Interesse gewesen wären, ungeklärt geblieben sind. Für diesen Fall, so hoffen wir, werden Sie jedoch zumindest erfahren haben, an wen Sie sich mit Ihren Problemen wenden können.

Die meisten Schädel-Hirn-Verletzten sind männlichen Geschlechts; wir haben daher durchweg männliche Fürwörter verwendet, um umständliche Konstruktionen zu vermeiden. Die Schädel-Hirn-Verletzung wirkt sich aber auf alle Menschen, ohne Rücksicht auf das Geschlecht, in ähnlicher Weise aus.

Leider besteht weltweit ein Mangel an Rehabilitationseinrichtungen für Menschen mit Schädel-Hirn-Verletzungen. Es gibt jedoch Anhaltspunkte dafür, daß sich diese Situation – unter anderem auf Druck der Betroffenen hin – allmählich ändert, und wir hoffen, diese Entwicklung mit unserem Buch zu unterstützen.

Neuseeland, 1990
D.G.
P.W.
P.W.

Danksagung

Wir möchten dem Medical Research Council of New Zealand und der New Zealand Neurological Foundation unseren Dank für die finanziell Unterstützung von D. Gronwall und P. Wrightson aussprechen. Diese Unterstützung ermöglichtes es uns, die nötige Erfahrung und das Grundlagenwissen zu erwerben, das uns befähigte, dieses Buch zu schreiben.

1. Einleitung

Das 20. Jahrhundert wird unter anderem als das Zeitalter der Automobile und der Hochgeschwindigkeit bezeichnet; leider ist es aber auch das Zeitalter der Verkehrsopfer. Jedes Jahr sterben in den industrialisierten Ländern von 100 000 Einwohnern rund 20 an den Folgen von Verkehrsunfällen. So schrecklich diese Statistik auch sein mag, sie spiegelt nur einen Teil der Realität wider. Zu diesen Opfern, die der Straßenverkehr fordert, kommen nämlich noch all jene Kraftfahrer, Beifahrer, Fahrradfahrer und Fußgänger hinzu, die zwar Schädel-Hirn-Verletzungen (Schädel-Hirn-Traumata) erleiden, aber mit Behinderungen überleben. Außerdem muß man zu den verkehrsbedingten Kopfverletzungen noch diejenigen hinzuzählen, die durch Sport- oder Arbeitsunfälle sowie durch Gewalttaten verursacht werden.

Die Statistiken aller großen Industriestaaten stimmen darin überein, daß von 100 000 Einwohnern im Jahr zwischen 200 und 300 Menschen wegen Kopfverletzungen in ein Krankenhaus eingewiesen werden. Bei der Mehrzahl dieser Patienten handelt es sich um Opfer von Verkehrsunfällen, von denen wiederum die meisten junge Männer im Alter von Anfang bis Mitte 20 sind. Doch auch dies ist nur ein Teilaspekt: Auf jeden Patienten, der stationär in einem Krankenhaus behandelt wird, kommen zwei bis drei, die ambulant beziehungsweise von ihrem Hausarzt versorgt werden. Auch wenn diese Menschen keine lebensbedrohlichen Verletzungen haben, kann ihr Leben auf Monate oder Jahre hinaus beeinträchtigt sein.

Zur Veranschaulichung dieser Statistiken: In den alten Bundesländern werden jedes Jahr über 300 000 verkehrsbedingte Schädel-Hirn-Verletzte notfallmedizinisch behandelt. Und auch diese Zahlen vermitteln nur einen Teil des Gesamtbildes, denn bei jeder Kopfverletzung sind viele weitere Menschen mitbetroffen: all jene nämlich, die dem Verletzten nahestehen.

Dieses Buch ist insbesondere jenen gewidmet, die der Umstände halber die Rolle des Versorgers übernehmen müssen. Wir wenden uns nicht direkt an denjenigen, der eine Kopfverletzung erlitten hat, da die Verletzung im allgemeinen die Fähigkeit beeinträchtigt, ein solches Buch zu lesen. Die Konzentrations- und Aufnahmefähigkeit sind nach einer Kopfverletzung fast immer gestört. Wir hoffen jedoch, daß denjenigen, die sich von ihrer Kopfverletzung wieder erholt haben, durch dieses Buch ihre Verletzung und deren Folgen verständlicher werden.

In den vergangenen 15 Jahren ist das Interesse an Schädel-Hirn-Verletzungen erheblich angestiegen, denn durch die verbesserte medizinische Versorgung überleben heute viele Menschen Verletzungen, die in der Vergangenheit tödlich waren. Über die Folgen und die Behandlung von Kopfverletzungen sind eine Fülle von Artikel geschrieben worden, die meisten jedoch von Fachleuten für Fachleute. Derartige Artikel erscheinen gewöhnlich in wissenschaftlichen Zeitschriften, zu denen Sie vermutlich nur schwer Zugang finden werden und die außerdem für Laien oftmals nur mit Schwierigkeiten zu verstehen sind. Trotzdem wollen Angehörige und Freunde von Patienten unbedingt wissen und verstehen, was bei einer Kopfverletzung geschieht, und mit welchen Folgen zu rechnen ist. Als Spezialisten auf dem Gebiet der Rehabilitation von Schädel-Hirn-Verletzten sind wir deshalb immer wieder nach Literatur zu diesem Thema gefragt worden. Es war uns jedoch nicht möglich, auf solche Anfragen eine befriedigende Antwort zu geben und eine Publikation zu nennen, die umfassend über die Problematik informiert und dennoch für Laien verständlich ist. Wir hoffen, daß das vorliegende Buch diese Lücke füllt.

Aufbau und Inhalt dieses Buches

Kapitel 2 beschreibt, welche Vorgänge bei Kopfverletzungen ablaufen, und wie es dazu kommt, daß dabei bestimmte Teile des Gehirns in Mitleidenschaft gezogen werden. Kapitel 3 behandelt die Phase im Krankenhaus: Es stellt die verschiedenen Untersuchungsmethoden vor und erläutert die Informationen, die diese Verfahren geben oder nicht geben können. In Kapitel 3 werden auch die verschiedenen Mitglieder des Krankenhausteams vorgestellt. Ferner wird erklärt, welche Rolle jedes Teammitglied bei der Behandlung des Kopfverletzten spielt.

In den übrigen Kapiteln wird der Zeitraum nach dem Krankenhausaufenthalt behandelt. Eine Kopfverletzung ist gewöhnlich ein Langzeitproblem, und die Betonung, die dieses Buch auf die Zeit nach dem Krankenhausaufenthalt legt, soll diesem Umstand Rechnung tragen. Viele Probleme, die durch eine Kopfverletzung entstehen, werden oft erst in dieser Phase deutlich.

Kapitel 4 beschreibt die praktischen Aspekte der Zeit nach dem Krankenhausaufenthalt. Wo wird der Patient unterkommen? Wer wird ihn versorgen? Welche Behandlungen wird er benötigen? Zuneigung und Unterstützung durch die Angehörigen sind für ihn während des Krankenhausaufenthalts eine große Hilfe; nach der Entlassung wird diese Unterstützung durch die Familie sogar lebenswichtig. Und in aller Regel sind die Familienangehörigen auch bereit, diesbezüglich alles in ihrer Macht Stehende zu tun. Sie fordern dabei jedoch oft keine Hilfe von außen an, weil sie über derartige Angebote nicht Bescheid wissen. In Kapitel 4 wird daher ausdrücklich darauf hingewiesen, wie wichtig es ist, die den Betroffenen zustehenden finanziellen und anderen Hilfen in Anspruch zu nehmen; denn einen Kopfverletzten alleine zu pflegen, kann eine langwierige Vollzeitbeschäftigung sein. Oft kommt zu den neuen Aufgaben und zusätzlichen Kosten erschwerend hinzu, daß das Einkommen durch den Unfall reduziert ist.

Kapitel 5 ist das längste und vielleicht wichtigste; es behandelt die Auswirkungen des Schädel-Hirn-Traumas auf die Gefühle, das Denken und das Verhalten des Kopfverletzten. Bei den meisten Menschen, auch bei solchen mit leichten Verletzungen, werden einige oder alle der beschriebenen Probleme auftreten; dieses Kapitel ist daher für alle Betroffenen von Bedeutung, egal was für einen Unfall ihr Freund, Verwandter oder Partner gehabt hat.

Kapitel 6 unterscheidet sich von den übrigen Kapiteln: In ihm werden einige spezielle Probleme beschrieben, die nur bei einem Teil der Verletzten auftreten. Manche Menschen sind nach einer Kopfverletzung eine Zeitlang einseitig gelähmt; andere haben Schwierigkeiten zu sprechen oder zu verstehen, was zu ihnen gesprochen wird. Wieder andere zeigen epileptische Krampfanfälle oder kurze Ausfälle. Kapitel 6 erklärt, warum diese Dinge geschehen, und wie Familien damit fertig werden können.

Kapitel 7 erläutert die altersspezifischen Schwierigkeiten und die verschiedenen Probleme, die auftreten, wenn das Opfer ein Elternteil oder Ehepartner ist. Obwohl die meisten Fälle von Schädel-Hirn-Traumata junge männliche Erwachsene betreffen, können Unfälle jedem Menschen und in jedem Alter zustoßen. Die Auswirkungen von Kopfverletzungen sind stets ähnlich, ohne Hinblick auf Alter oder Geschlecht; sie werfen aber unterschiedliche Probleme auf, abhängig von der Lebensphase, in der sie auftreten. In den ersten Lebensjahren zum Beispiel finden überaus viele Lernprozesse statt. Und um effektiv lernen zu können, braucht man ein gut funktionierendes Gedächtnis. Da Kopfverletzungen aber fast immer das Gedächtnis beeinträchtigen, kann beispielsweise ein zweijähriges Kind nach einem Unfall länger als andere Gleichaltrige brauchen, um bestimmte Entwicklungsstufen zu erreichen.

In Kapitel 8 wird auf die Frage eingegangen, wie lange diese Probleme andauern werden, denn für die betroffenen Familien ist es äußerst frustrierend, nicht für die Zukunft planen zu können. Wie lange wird es dauern, bis der Kopfverletzte sich wieder selbst versorgen kann? Wird er jemals fähig sein, wieder so zu leben, wie er es vor dem Unfall tat? Sollte die Mutter ihre Karriere aufgeben, die sie sich erkämpft hat, nachdem die Kinder groß gezogen waren? Sollte sie unbezahlten Urlaub nehmen? In diesem Kapitel werden Sie zwar keine Antworten auf diese Fragen finden, aber wir hoffen, daß Sie nach der Lektüre verstehen werden, warum diese Fragen so schwer zu beantworten sind.

Auch wenn niemand genau voraussagen kann, wie lange es dauert, bis Ihr Angehöriger sich ausreichend erholt hat, um wieder arbeiten oder zur Schule gehen zu können, in den meisten Fällen wird dieser Zeitpunkt schließlich kommen. Kapitel 9 beschreibt diese Phase und wie die Veränderungen vollzogen werden sollten. Arbeitgeber oder Lehrer müssen unbedingt verstehen, daß der Kopfverletzte schneller ermüdet und leichter abzulenken ist. Dieses Kapitel ist daher sowohl an den Arbeitgeber oder Lehrer als auch an die Personen gerichtet, die den Verletzten versorgen. Es sei an dieser Stelle nochmals darauf hingewiesen, daß die Unterstützung durch die Familie während dieser stufenweisen Rückkehr zum Alltag von wesentlicher Bedeutung ist.

Einige der Kopfverletzten werden ihre Arbeit nie wieder aufnehmen können. Kapitel 10 überprüft die langfristigen Anpassungen, die von Patienten und Angehörigen gefordert werden; sie müssen nach einem schweren Schädel-Hirn-Trauma mit verschiedenen Einschränkungen zurecht kommen: Ein reduziertes Selbstwertgefühl und weniger Unabhängigkeit sind dabei genauso schwerwiegend, wie die offensichtlichen körperlichen und geistigen Funktionsverluste. Kontakte zu Freunden oder Bekannten gehen verloren, und in der Karriere muß man Abstriche machen. Kapitel 10 behandelt diese Probleme und hilft Familien und Kopfverletzten, mit der Anpassung an eine dauernde Behinderung fertig zu werden.

Kapitel 11 wirft einen Blick in die Zukunft und beschreibt die Mittel, die idealerweise Kopfverletzte bereitgestellt werden sollten. Es richtet sich an diejenigen, die die Verantwortung für die Behandlung von Kopfverletzten tragen, und schlägt einige Schritte vor, um diese Dienstleistungen sicherzustellen. Am Ende dieses Kapitels finden Sie einige Vorschläge zur weiteren Lektüre.

Anhang A erklärt diverse Fachausdrücke, die im Zusammenhang mit Kopfverletzungen gebräuchlich sind. Nicht alle diese Ausdrücke kommen in diesem Buch auch vor, aber wahrscheinlich werden sie von Ärzten und Klinikpersonal in Gesprächen benutzt, und Sie sollen sie verstehen können. Anhang B führt Kontaktadressen von Organisationen auf, die für Angehörige oder Freunde von Kopfverletzten gegründet wurden. Neben den deutschen Adressen finden Sie noch einige ausländische Kontaktmöglichkeiten.

Hinweise für die Benutzung

Wir wollen Ihnen den Zugang zu Informationen über bestimmte Probleme erleichtern. Deshalb sind die Absätze in den einzelnen Kapiteln mit Überschriften versehen, die so formuliert sind, daß Sie sich mit Hilfe des Inhaltsverzeichnisses schnell und genau eine Orientierung darüber verschaffen können, wo Sie die gerade benötigten Informationen finden. Ob Sie dieses Buch zum ersten Mal lesen, während Sie neben dem Bett eines verletzten Angehörigen auf der Intensivstation sitzen, oder erst viele Monate nach dem Unfall:

Auf alle Fälle werden Sie so viel wie möglich über Kopfverletzungen erfahren wollen. Dies haben wir jedenfalls den Gesprächen mit all jenen Betreuern entnommen, mit denen wir im Laufe der Jahre zusammengearbeitet haben. Wir gehen deshalb davon aus, daß Sie dieses Buch ganz durchlesen werden, auch wenn vielleicht einige der Abschnitte auf Ihren Fall nicht zutreffen mögen.

Fallgeschichten

Die von uns in diesem Buch behandelten Aspekte werden anhand von drei Fallgeschichten illustriert, die wir im Folgenden kurz vorstellen möchten. Namen und persönliche Details wurden natürlich geändert, um die Identität der Patienten zu wahren. Wir haben diese Fälle ausgewählt, um Ihnen das Verständnis der im Zusammenhang mit Schädel-Hirn-Verletzungen auftretenden Probleme zu erleichtern.

Michael – 19 Jahre

Der Unfall ereignete sich, als Michael in einer Kurve die Kontrolle über sein Motorrad verlor und gegen einen Baum raste. Michael studierte an einer Universität in einiger Entfernung von seinem Heimatort und hatte dort eine Wohnung; die Verbindung mit seiner derzeitigen Freundin (mit der er jedoch nicht zusammenlebte) bestand bereits seit Jahren, allerdings waren schon vor dem Unfall verschiedentlich Beziehungsprobleme aufgetreten.

Michaels Eltern sind geschieden und leben getrennt; er hat zwar zu beiden Elternteilen den Kontakt aufrecht erhalten, steht jedoch seiner Mutter näher, bei der auch seine sechzehnjährigen Schwester lebt. Michael hat noch einen älteren Bruder, der an seinem Studienort lebt und arbeitet. In seinem Heimatort hat er außerdem zahlreiche Verwandte, Tanten, Onkel sowie Cousins und Cousinen in seinem Alter. Obwohl ihn seine Mutter immer unterstützt hatte, waren sie und auch sein Vater über seine Lebensweise beunruhigt; sie waren nicht mit seinen Freunden einverstanden und machten sich Sorgen über seinen Alkoholkonsum und seinen Mißbrauch von sogenannten weichen Drogen wie Haschisch und Marihuana. In den Kapiteln 3, 4, 5, 6, 7, 8 und 9 werden wir Michael wieder begegnen.

Katrin – 8 Jahre

Die achtjährige Schülerin Katrin stürzte auf dem Spielplatz in der Nähe der elterlichen Wohnung von einem Klettergerüst auf den Betonboden. Sie hat zwei jüngere Geschwister: eine sechsjährige Schwester und einen vierjährigen Bruder.

Katrin hat immer mit Begeisterung und Erfolg alle möglichen Sportarten betrieben, vor allem jedoch Reiten und Gymnastik. Auch ihre schulischen Leistungen waren gut, vor allem nachdem sie wegen einer Leseschwäche intensive Nachhilfe bekommen hatte.

In den Kapiteln 4, 5, 6, 7, 8 und 9 werden wir Katrin wieder begegnen.

Arnold – 48 Jahre

Arnold, ein selbständiger Geschäftsmann, prallte bei einem Unfall mit seinem Auto gegen einen Strommasten (die Frage, ob im Zusammenhang mit diesem Unfall Anzeige wegen Trunkenheit im Straßenverkehr gegen ihn erhoben wird, ist noch nicht entschieden). Arnold ist seit zehn Jahren von seiner Frau geschieden und hat zwei Töchter im Alter von 17 und 21 Jahren; seit drei Jahren hat er eine lose Beziehung zu einer früheren Freundin, die er aus der Zeit vor seiner Eheschließung kennt.

Arnold war ursprünglich Lehrer, betreibt aber seit sieben Jahren erfolgreich einen Gastronomiebetrieb. Vor einiger Zeit hatte er den Schwerpunkt seiner beruflichen Aktivitäten auf Immobiliengeschäfte verlagert und Bauland gekauft, das innerhalb von 18 Monaten bebaut werden muß. Das Haus, in dem er lebt, hat er vor einem Jahr gekauft, so daß er zusammen mit den Unterhaltszahlungen, die er stets pünktlich geleistet hat, erhebliche finanzielle Verpflichtungen eingegangen ist.

In den Kapiteln 4, 5, 6, 7, 8 und 9 werden wir Arnold wieder begegnen.

2. Was geschieht bei einer Kopfverletzung?

In diesem Kapitel sollen zunächst die verschiedenen Formen von Gehirnverletzungen sowie ihre Auswirkungen dargestellt werden. Unserer Erfahrung nach haben die meisten Patienten und ihre Angehörigen ein großes Informationsbedürfnis, denn mit dem nötigen Hintergrundwissen wird man die kurz nach dem Unfall oder zu einem späteren Zeitpunkt auftretenden Probleme besser bewältigen können. Wir möchten Sie darauf hinweisen, daß hier eine ganze Reihe möglicher Verletzungen geschildert werden, von denen in Ihrem Fall vielleicht nur eine, vielleicht auch zwei vorliegen. Sprechen Sie mit dem behandelnden Arzt im Krankenhaus beziehungsweise mit Ihrem Hausarzt, falls Ihnen irgendetwas unklar sein sollte, oder wenn Sie über das, was im weiteren Verlauf dieses Kapitels zur Sprache kommen wird, beunruhigt sind.

Die verschiedenen Kopfverletzungen

Bei einer Kopfverletzung kann man unter Umständen eine Reihe von Vorgängen beobachten, die sich in drei Phasen einteilen lassen. Die direkten Einwirkungen des Unfalls werden als die sogenannten „primären (ersten) Unfallfolgen" bezeichnet. Innerhalb von ein bis zwei Stunden nach dem Unfall kann es zu weiteren Schäden, den sogenannten „sekundären (zweiten) Unfallfolgen" kommen, und innerhalb der ersten zwei bis drei Tage können die sogenannten „tertiären (dritten) Unfallfolgen" auftreten. Jede dieser Phasen kann entscheidenden Einfluß auf den Verlauf der Genesung und den Erfolg der Rehabilitation haben.

Primäre Unfallfolgen

Die drei Formen der primären Unfallfolgen

Gedeckte Schädel-Hirn-Verletzung.
Offene Schädel-Hirn-Verletzung.
Schädelquetschung.

Gedeckte Schädel-Hirn-Verletzung

Die häufigste Form von Hirnverletzung ist ein gedecktes Schädel-Hirn-Trauma, das heißt eine geschlossene Schädel-Hirn-Verletzung, bei der es normalerweise nicht zu einer offenen Wunde kommt. Bei einem Unfall ändert sich plötzlich die Bewegungsrichtung des Kopfes, zum Beispiel wenn ein Auto gegen eine Mauer prallt (Verzögerung), oder wenn ein stehendes Auto an einer Ampel von hinten durch ein anderes Fahrzeug gerammt wird (Beschleunigung). Ein anderes Beispiel ist eine plötzliche Drehung des Kopfes durch einen Kinnhaken (Rotation).

Bei dieser Beschleunigung, Verzögerung beziehungsweise Drehung des Kopfes muß das Gehirn zwangsläufig der Bewegung des Schädels folgen; da es weich und verformbar ist, wird es dabei unter Umständen erheblich in Mitleidenschaft gezogen. Das Gehirn besteht aus Milliarden von Nervenzellen und Nervenbahnen, welche die einzelnen Hirnteile miteinander verbinden. Durch die ruckartige Bewegung werden diese Fasern gedehnt und eventuell beschädigt. Auch relativ leichte Verletzungen können auf Grund der weiträumigen Auswirkungen im ganzen Gehirn gravierende Folgen haben. So können die durch das Gehirn führenden Arterien und Venen reißen, so daß Blut austritt und, ähnlich wie an anderen Stellen des Körpers, ein Bluterguß entsteht.

Da das Gehirn im Schädel etwas Bewegungsspielraum hat, kann es zudem durch die Beschleunigung gegen die inneren, teilweise scharfkantigen Schädelknochen gedrückt werden, an der sich das Gehirn unter Umständen stößt oder aufschürft und auf diese Weise zusätzlich geschädigt wird.

Offene Schädel-Hirn-Verletzung

Die zweite Form der Hirnverletzung ist das „penetrierende Schädel-Hirn-Trauma" oder die „offene" Hirnverletzung. Hierbei wird die Kopfhaut verletzt, und es kommt zu einem Bruch des darunterliegenden Schädelknochens und infolgedessen auch zu einer Verletzung des Gehirns, das unter Umständen sogar zum Vorschein treten kann. Eine derartige Verletzung entsteht zum Beispiel durch den Aufprall auf eine Bordsteinkante oder auf den Bremshebel eines Motorrades oder auch durch eine Schußverletzung. Vielfach gehen offene Kopfverletzungen auch mit den oben beschriebenen beschleunigungsbedingten Verletzungen einher. Ist dies nicht der Fall, so sind die weiter vom Verletzungsherd entfernten Hirnregionen meistens nicht beeinträchtigt. Langfristig gesehen kann es also hier bei einer geringfügigen Behinderung bleiben, obgleich die Verletzung zunächst furchterregend aussieht.

Schädelquetschung

Die dritte – relativ seltene – Form der Hirnverletzung ist die sogenannte Schädelquetschung, bei welcher der Kopf zum Beispiel zwischen einem Boot und dem Kai oder unter einem Autoreifen eingeklemmt wird. Im allgemeinen wird hierbei nicht das Gehirn selbst verletzt, sondern die Schädelbasis und die dort austretenden Nerven; unter Umständen wird der Verletzte nicht einmal bewußtlos.

Bei allen Formen von primären Unfallfolgen kommt es in erster Linie darauf an, inwieweit das Gehirn selbst in Mitleidenschaft gezogen wurde. Ob nun die Kopfhaut aufgeplatzt ist oder der Schädelknochen gebrochen, vielleicht sogar eine Knochenlücke entstanden ist: Wenn es nach einem Unfall zu einer dauerhaften Behinderung kommt, dann ist die Ursache hierfür die Schädigung des darunterliegenden Hirngewebes.

Weitere Verletzungen

Viele schwere Verletzungen sind die Folge von Autounfällen bei überhöhter Geschwindigkeit. Oft wird der Kopf bereits beim ersten Aufprall verletzt; manchmal wird das Opfer aber auch aus dem Auto geschleudert, und der Kopf schlägt noch mehrere Male auf und trägt so weitere Verletzungen davon. Auf diese Weise entstehen die sogenannten multiplen oder Mehrfachverletzungen (die sich durch das Anlegen von Sicherheitsgurten durchaus vermeiden lassen).

Primäre Unfallfolgen (innerhalb der ersten zwei Sekunden) mit oder ohne offene Wunden

Das Gehirn wird beschleunigt, abgebremst beziehungsweise verdreht.
Nervenfasern werden gezerrt.
Arterien und Venen reißen.

Beachte: Manchmal kommt es zu weiteren Verletzungen, die sich durch Anlegen von Sicherheitsgurten vermeiden ließen.

Zu den hier beschriebenen primären Unfallfolgen und den damit verbundenen Hirnverletzungen kommt es innerhalb der ersten zwei Sekunden. Diese kurze Zeitspanne ist weitgehend, aber nicht ausschließlich entscheidend für das weitere Schicksal des betreffenden Menschen. In vielen Fällen treten nämlich noch mindestens zwei weitere Formen von Unfallfolgen auf.

Sekundäre Unfallfolgen

Die meisten Unfälle passieren unter den widrigsten Umständen: nachts, bei Regen, und sachkundiges Rettungspersonal ist meist auch nicht sofort zur Stelle. Möglicherweise ist das Opfer mit dem Kopf zwischen den Sitzen seines demolierten Autos eingeklemmt, und die Atmung ist infolge einer Verletzung der Nase oder des Gesichts, durch Erbrochenes oder durch Blut blockiert, und die Atemluft gelangt nicht in die Lungen. Die Sauerstoffkonzentration im Blut sinkt zu stark ab, und das Gehirn erhält zu wenig Sauerstoff; infolgedessen sterben Gehirnzellen ab, und die primären Unfallfolgen verschlimmern sich.

In aller Regel werden bei Autounfällen weitere Körperteile verletzt, was häufig große Blutverluste mit sich bringt. Dadurch fällt der Blutdruck unter die Normalwerte, die Blutzufuhr und damit die Sauerstoffversorgung des Gehirns nimmt ab, und die Hirnfunktionen werden weiter beeinträchtigt.

Eine genaue Kenntnis der einzelnen Vorgänge bei Kopfverletzungen haben die Organisation der Primärversorgung durch Notfall- und Rettungsdienste wesentlich verbessert. Als erstes werden am Unfallort die Atemwege freigelegt, dann wird gegebenenfalls eine Infusion angelegt, um eventuelle Blutverluste auszugleichen und den Blutdruck wieder auf normale Werte zu bringen. Auf diese Weise wird das Risiko weiterer Gehirnschädigungen vermindert und der Transport zum Krankenhaus sicherer.

Sekundäre Unfallfolgen (innerhalb der ersten Stunde nach dem Unfall)

Zu niedriger Blutdruck vermindert die Blutzufuhr und somit die Sauerstoffversorgung des Gehirns.

Tertiäre Unfallfolgen

Die bisher beschriebenen Unfallfolgen treten innerhalb der ersten Sekunde beziehungsweise der ersten Stunde auf. Die tertiären Unfallfolgen dagegen können auch zu einem späteren Zeitpunkt noch auftreten, normalerweise innerhalb der folgenden zwei bis drei Tage, zuweilen aber auch erst nach Monaten.

Druckstellen und Schwellung des Gehirns
Das Gehirn reagiert auf Verletzungen ähnlich wie andere Körperregionen: Es bekommt Druckstellen oder „blaue Flecken", wenn sich Gewebeflüssigkeit und Blut ansammeln und in das Gewebe einfließen, so daß das Gehirn anschwillt. Da das Gehirn jedoch fest in den starren Schädelknochen eingeschlossen ist, sind hier die Auswirkungen wesentlich gravierender als in anderen Teilen des Körpers. Schon eine leichte Anschwellung drückt auf das Gehirn und beeinträchtigt die Blutzirkulation. In schweren Fällen kann der Hirndruck so groß werden, daß der Blutkreislauf im Gehirn völlig zum Stillstand kommt, und infolgedessen der Tod eintritt.

Vielleicht haben Sie schon einmal den für den Druck innerhalb des Schädels (Cranium) üblichen Fachausdruck „intrakranieller Druck" beziehungsweise dessen englische Abkürzung „ICP" gehört. Der Hirndruck spielt bei Kopfverletzungen eine außerordentlich wichtige Rolle; er sollte nicht zu sehr ansteigen. Das Ärzteteam muß wissen, wie hoch dieser Druck ist, um die Behandlung entsprechend planen zu können; in manchen Fällen wird der Hirndruck kontinuierlich gemessen und auf einem der Monitore oder Bildschirme dargestellt, von denen der Patient auf der Intensivstation umgeben ist (Kapitel 3).

Um den Hirndruck niedrig zu halten, muß die Hirnschwellung auf ein Minimum gesenkt werden. Zu diesem Zweck wird dafür gesorgt, daß das Blut einerseits dem Gehirn viel Sauerstoff zuführt und andererseits Abfallprodukte, wie zum Beispiel Kohlendioxid, abtransportiert. Der Blutdruck muß so hoch sein, daß der Hirnkreislauf aufrecht erhalten wird. Die eventuell mit Sauerstoff angereicherte Atemluft muß ohne Behinderung in die Lungen ein- und ausströmen können. Husten oder sonstige körperliche Anstrengungen, die den intrakraniellen Druck erhöhen und damit erneute Blutungen in den verletzten Teilen des Gehirns verursachen könnten, müssen unbedingt vermieden werden. Schließlich wird der Wasser- und Elektrolythaushalt (das heißt die Salzmenge) im Körper reguliert, um zu verhindern, daß sich zuviel Gewebeflüssigkeit im Gehirn ansammelt. Aus diesem Grund werden die Blutwerte regelmäßig kontrolliert und die verabreichte Wassermenge genauestens registriert.

Hämatome (Blutgerinnsel)
Wie bereits beschrieben, können bei der primären Verletzung kleinere Venen oder Arterien reißen und Druckstellen im Gehirn verursachen. Manchmal reißen aber auch größere Blutgefäße. Dann strömt an einer Stelle so viel Blut aus, daß sich ein größerer Blutpfropf bildet, der auf das Gehirn drückt und die umliegenden Hirnregionen in Mitleidenschaft zieht und vor allem den intrakraniellen Druck erhöht. Kommt die Blutung nicht zum Stillstand, und steigt der Druck über einen bestimmten Grenzwert an, kann der Patient sterben.

Blutgerinnsel oder Hämatome kommen zwar nicht sehr häufig vor, sie stellen jedoch ein erhebliches Risiko dar. Sie können schon bei relativ geringfügigen Verletzungen auftreten, auch wenn die betreffende Person nur für kurze Zeit bewußtlos war und sich anscheinend wieder erholt hat. Das ist einer der Gründe, weshalb auch kleine Verletzungen von den Unfallstationen sehr ernst genommen werden, und Unfallopfer so lange zur Beobachtung im Krankenhaus bleiben sollen, bis die Wahrscheinlichkeit einer Gerinnselbildung nur noch gering ist; bei einer schweren Verletzung ist das Risiko natürlich entsprechend höher. Die auf der Intensivstation getroffenen Maßnahmen zielen zum großen Teil darauf ab, Hämatome möglichst frühzeitig zu entdecken; so kann man sie für gewöhnlich erfolgreich operativ entfernen.

Ein Hämatom bildet sich entweder im Gehirngewebe selbst (intrazerebrales Hämatom), zwischen der harten Hirnhaut (Dura) und dem Schädelknochen (epidurales Hämatom), oder zwischen der Dura und dem Gehirn (akutes subdurales Hämatom).

Das sogenannte „chronische subdurale Hämatom" tritt vor allem bei älteren Menschen auf und kann sich auch nach relativ kleinen Verletzungen bilden. Dabei entsteht zunächst eine kleine Blutansammlung zwischen Gehirn und Dura, die aufgrund ihrer geringen Größe nicht gleich entdeckt wird. Im Laufe mehrerer Wochen vergrößert sie sich allmählich, bis sie sich durch den Druck auf das Gehirn bemerkbar macht. Glücklicherweise kann ein solcher Blutpfropf in aller Regel durch einen kleinen operativen Eingriff erfolgreich entfernt werden.

Ähnlich wie beim chronischen subduralen Hämatom zeigen sich die Symptome beim „posttraumatischen Hydrocephalus" (Wasserkopf) erst zu einem späteren Zeitpunkt. Derartige Komplikationen treten auf, wenn die das Gehirn umgebende Flüssigkeit wegen Vernarbungen nicht abfließen kann. Die Flüssigkeit sammelt sich dann innerhalb des Gehirns an, und der intrakranielle Druck steigt. Auch dies kann mit gutem Erfolg durch eine Operation behoben werden.

Tertiäre Unfallfolgen (nach Tagen oder Wochen)

Nach einem oder mehreren Tagen:
Druckstellen oder Schwellung des Gehirns.
Blutgerinnsel (Hämatome).

Nach einer oder mehreren Wochen:
Chronisches subdurales Hämatom.
Posttraumatischer Hydrocephalus.

Schädelverletzungen

Weiter oben wurde bereits darauf hingewiesen, daß bei einer Kopfverletzung die Schädigung des Hirns das größte Problem darstellt. Das ist zwar richtig, oft kommt es jedoch auch zu einem Bruch des Schädels (Schädelfraktur), der eventuell ebenfalls behandelt werden muß.

Brüche der Schädeldecke

Am häufigsten ist eine einfache Fraktur (Linearfraktur), ein feiner Riß in der Schädeldecke, der oft kaum einen Millimeter breit und meist nicht sehr schlimm ist. Allerdings deutet er darauf hin, mit welcher Wucht der Schlag auf den Kopf erfolgt sein muß, und daß die Wahrscheinlichkeit erhöht ist, daß einige der oben geschilderten Komplikationen auftreten. Der Riß heilt schnell und hinterläßt keine Schwachstellen.

Manchmal wird bei einem Schlag auf die Schädeldecke ein Stück Knochen so tief eingedrückt, daß dadurch der darunterliegende Gehirnbereich beschädigt wird. Bei einem derartigen Muldenbruch werden in einer zumeist unkomplizierten Operation Knochenstücke ersetzt und eine eventuell vorliegende Hirnverletzung behandelt.

Brüche von Stirnbein, Nasenwurzel und Augenhöhlen

Wenn Stirnbein oder Nasenwurzel gebrochen sind, kann durch ein Loch in der Nasenwurzel Gehirnflüssigkeit auslaufen und aus der Nase tropfen (cerebrospinale Flüssigkeit). Durch diese Öffnung dringen möglicherweise Bakterien in das Gehirn ein und führen eine Hirnhautentzündung (Meningitis) herbei. Eine derartige Infektion läßt sich durch Antibiotika kurzfristig verhindern; falls der Ausfluß jedoch nicht bald von selbst aufhört, muß man das Loch operativ verschließen (dieser Eingriff ist normalerweise recht unkompliziert). Ein ähnlicher Ausfluß kann auch bei einem Schädelbruch im Bereich des Mittelohres auftreten, doch dies heilt normalerweise von selbst aus.

Einige schwere Unfälle haben sowohl Brüche der Augenhöhlen und der mittleren Gesichtspartie als auch der Schädelgrube, die das Gehirn einschließt, zur Folge; auch die Stirnhöhlen und die Zähne im Oberkiefer können betroffen sein. Um diese oft entstellenden Verletzungen zu beheben, operieren Neuro- und Schönheitschirurgen in den meisten Fällen gemeinsam.

Offene Brüche

Bei einer offenen Schädelverletzung ist meist auch der Schädelknochen in Mitleidenschaft gezogen. In diesem Fall ist eine Operation dringend erforderlich, um die Wunde zu reinigen, zu schließen und um eine Infektion zu vermeiden. Manchmal fehlen Teile des Schädelknochens oder sind so zerstört, daß sie nicht wieder eingesetzt werden können. Das ist zu diesem Zeitpunkt jedoch nicht so wichtig, bei Bedarf kann das Loch nach einigen Monaten, wenn die Wunde verheilt und die Gefahr einer Infektion vorbei ist, durch eine Knochentransplantation oder eine Metallplatte verschlossen werden.

Schädelverletzungen

Brüche der Schädeldecke:
Linearfrakturen: nur bedeutsam, weil sie den Schweregrad der Verletzung anzeigen.
Muldenbrüche: der Schädelknochen muß möglicherweise angehoben werden.

Brüche von Stirnbein, Nasenwurzel oder Augenhöhlen:
Ausfluß von Gehirnflüssigkeit ist möglich.
Häßliche Verformungen müssen operiert werden.

Offene Brüche:
Operation wegen Infektionsgefahr.
Zerstörte Teile des Schädelknochens müssen gegebenenfalls ersetzt werden.

Spätwirkungen der Schädel-Hirn-Verletzung

Mehrfache Kopfverletzungen

Viele Menschen erleiden mehr als nur eine Kopfverletzung, wobei das Gehirn bei weiteren Verletzungen unverhältnismäßig empfindlich reagieren kann. Kommt es innerhalb von ein oder zwei Wochen, also während sich das Gehirn noch von dem ersten Ereignis erholt, zu einer weiteren Verletzung, so kann dies im Vergleich zur Schwere der Verletzungen weit über das eigentlich zu erwartende Maß hinausreichende Reaktionen, zuweilen sogar tödliche Folgen nach sich ziehen. Aus diesem Grund sollten Sportler nach einer Gehirnerschütterung mindestens drei oder vier Wochen keine Spielerlaubnis erhalten.

Außerdem kommt es nach mehreren Kopfverletzungen zu einem allgemeinen Leistungsabbau des Gehirns. Selbst wenn es vorher nur eine einzige Verletzung gegeben hat, hat eine weitere unter Umständen wesentlich schwerwiegendere Auswirkungen auf das Gehirn, als man normalerweise erwarten würde und nach jeder weiteren Verletzung werden die Störungen immer ausgeprägter. Eine fortschreitende Schädigung kann von ziemlich trivialen Verletzungen ausgehen. So kann schon nach drei- oder viermaliger Bewußtlosigkeit die Denkfähigkeit deutlich nachlassen. Ein extremes Beispiel ist der „schlagtrunkene" Boxer: er braucht nicht unbedingt häufig k.o. geschlagen worden zu sein, es reicht, wenn er sehr viele Schläge auf den Kopf erhalten hat.

Wahrscheinlich nimmt die Hirnleistung ab, weil bei jeder Verletzung einige Nervenzellen getötet werden, und sich ständig die verfügbare Gesamtzahl an Zellen verringert. Schließlich sind die Reserven, die der Mensch besitzt, erschöpft. Bei weiteren Verletzungen, oder manchmal auch durch den altersbedingten Verlust von Gehirnzellen, ist nicht mehr genügend Gehirnmasse übrig, um die erforderliche Arbeit zu leisten, und es treten deutliche Verfallssymptome auf.

Mehrfache Kopfverletzungen

Bei jeder Hirnverletzung gehen einige Gehirnfunktionen verloren.
Mehrfache kleinere Verletzungen können zum Verlust von Gehirnmasse führen.
Auch Schläge, die nicht zur Bewußtlosigkeit führen, können Gehirnzellen zerstören.

Posttraumatische Epilepsie

Beim Heilungsprozeß des Gehirns kommt es zu einer Narbenbildung. Das Gehirn in diesem Bereich arbeitet nicht mehr normal, es wird leichter in Erregung versetzt, und die Aktivität kann nicht mehr ausreichend kontrolliert werden. Von dem verletzten Gebiet aus kann sich die Störung ausbreiten und auf den Rest des Gehirns übergreifen; so kommt es zu einem epileptischen Anfall. Dies ist vor allem nach einer schweren Verletzung der Fall, zum Beispiel wenn größere Druckstellen vorhanden sind, wenn eine Blutung in das Gehirn hinein stattgefunden hat, oder wenn bei einer offenen Wunde das Gehirn in Mitleidenschaft gezogen wurde. Manchmal kann dies allerdings auch schon bei einer geringfügigen Verletzung vorkommen, nämlich dann, wenn die Verletzung zwar nur eine kleine Druckstelle, die aber in einem besonders sensiblen Bereich liegt, hervorgerufen hat.

Auswirkungen einer Verletzung auf Gehirnfunktionen

Es ist schon seit langer Zeit bekannt, daß eine Schädigung bestimmter Gehirnbereiche ganz charakteristische Auswirkungen auf die Hirnfunktionen hat. Verletzungen an der rechten oder linken Seite des Gehirns (der Parietalgegend) führen zum Beispiel zu Lähmungserscheinungen des Armes oder des Beines auf der jeweils gegenüberliegenden Körperseite. Eine Verletzung auf der linken Seite des Gehirns führt häufig zu Sprachstörungen. Hirnverletzungen im Bereich der Stirn (dem Frontalbereich) können zu Verhaltensänderungen, zu dem Verlust der Selbstkontrolle und zu uneinsichtigem Verhalten führen.

Bei örtlich begrenzten Verletzungen des Gehirns, die beispielsweise durch einen eingedrungenen Gegenstand verursacht wurden, ist möglicherweise nur eine dieser Funktionen betroffen. Bei den meisten Kopfverletzungen handelt es sich jedoch um gedeckte Schädel-Hirn-Traumata, die durch eine abrupte

Beschleunigung des Kopfes hervorgerufen wurden, wobei viele Teile des Gehirns geschädigt werden. So kann es zu allen oben beschriebenen Beeinträchtigungen gleichzeitig kommen, wobei einige ausgeprägter sein können als andere. Außerdem wird bei offenen Wunden und eindringenden Gegenständen meist nur die Oberfläche des Gehirns verletzt, während bei einem gedeckten Schädel-Hirn-Trauma auch Nervenfasern tief im Gehirn verwundet werden; dadurch fällt der Patient ins Koma – ein typisches Symptom für ein Schädel-Hirn-Trauma.

Bei einer Verletzung der tieferen Bereiche des Gehirns zerreißen die großen Nervenbahnen und es kommt zu einer spastischen Lähmung der Arme und Beine. Die Muskeln sind dabei angespannt, die Beine sind ausgestreckt und steif, die Arme sind am Ellbogen gebeugt; häufig sind beide Beine, aber nur ein Arm betroffen. Wenn die Beweglichkeit zurückkehrt, bleiben die Bewegungen oft unbeholfen und unkoordiniert.

Rachen und Kehlkopf stehen unter der Kontrolle des Hirnstammes. Sprech- und Schluckstörungen, die so häufig nach einem schweren Trauma auftreten, sind die Folge von Schädigungen in diesem Bereich. Der Hirnstamm ist außerdem verantwortlich für die Körperfunktionen, die nicht unter willkürlicher Kontrolle stehen: Atmung, Herzschlag, Blutdruck und Körpertemperatur. Eine Störung dieser Funktionen kann in den ersten Tagen nach einem Unfall über Leben und Tod entscheiden.

Viele der oben beschriebenen Auswirkungen sind zu beobachten, während der Patient noch bewußtlos ist beziehungsweise Bewußtseinsstörungen aufweist. Die eher subtilen Auswirkungen auf das Denken und die Persönlichkeit zeigen sich erst später. Sie werden zum Teil durch Schädigungen spezifischer Gehirnbereiche verursacht, zum größeren Teil jedoch dadurch, daß Nervenfasern reißen.

Auswirkungen auf die Gehirnfunktionen

Sichtbare Auswirkungen:
Koma.
Lähmungserscheinungen in den Gliedmaßen (häufig spastisch).
Sprech- und Schluckstörungen.

Nichtsichtbare Auswirkungen:
In der Frühphase auf Herzschlag, Blutdruck und Atmung.
In der Spätphase auf Denken und Persönlichkeit.

Genesung nach der Verletzung

Es ist zwar nicht völlig gesichert, aber doch wahrscheinlich, daß die meisten der in Mitleidenschaft gezogenen Nervenzellen nicht mehr normal funktionieren werden. Die nach einer Kopfverletzung eintretende Besserung beruht weitgehend auf einer Umorganisation der unbeschädigten Teile des Gehirns. Dank der enormen Flexibilität des Gehirns können unbeschädigte Teile die Aufgaben jener Regionen übernehmen, die nicht mehr funktionsfähig sind. Es kommt natürlich nicht zu einer vollständigen Genesung, wenn durch frühere Verletzungen beziehungsweise durch den natürlichen Alterungsprozeß die Reserven bereits reduziert worden sind.

Der Genesungsprozeß ist daher eine langfristige, der Kindheit und Schulzeit vergleichbare Phase des Lernens und der „Nacherziehung", wobei ständige Ermutigung und Anleitung des Patienten eine wichtige Rolle spielen. Um die gewünschten Erfolge zu erzielen, wird ein sorgfältig geplantes Rehabilitationsprogramm ausgearbeitet werden, mit dem der Patient den größten Teil des Tages beschäftigt sein wird.

Wiedergenesung nach der Verletzung

Die noch vorhandenen Fähigkeiten sollten so weit wie möglich genutzt werden.
Die „Nacherziehung" kann so lange dauern wie die Schulzeit.
Rehabilitation ist eine Vollzeitbeschäftigung.

Hirntod

In manchen Fällen ist es nicht mehr möglich, die Auswirkungen einer Schädel-Hirn-Verletzung unter Kontrolle zu bringen, meist weil der Druck innerhalb des Schädels zu stark ansteigt, und sich infolgedessen der Blutkreislauf verlangsamt und schließlich zum Stillstand kommt. Innerhalb weniger Minuten ist das Gehirn unwiderruflich geschädigt. Da die Zellen des Rückenmarks manchmal noch für eine gewisse Zeit überleben, kann man eventuell noch automatische Reflexe in den Gliedmaßen beobachten, auch wenn alle anderen Funktionen ausgefallen sind.

Obwohl der Hirntod im allgemeinen völlig offensichtlich ist, müssen die Ärzte, um hundertprozentig sicher zu gehen, bestimmte Untersuchungen mehrmals, in Abständen von ein bis zwei Stunden, durchführen. Bei einem Hirntoten sind die mit Gehirnfunktionen verbundenen Reflexe nicht mehr vorhanden: Die Pupillen sind geweitet und reagieren nicht mehr auf einfallendes Licht; auch bei größtmöglicher Stimulation gibt es keine spontane

Atmung (In Zweifelsfällen können andere Untersuchungen diese Ergebnisse bestätigen.) Das EEG (Elektroencephalogramm), das die Gehirnströme aufzeichnet, zeigt keinen Ausschlag mehr an, und auf Röntgenbildern kann man sehen, ob der Blutkreislauf im Gehirn noch funktioniert.

Wenn feststeht, daß das Gehirn seine Funktionen nicht wieder aufnimmt, wird in der Regel eine Weiterbehandlung nicht mehr als sinnvoll angesehen. Wenn die Angehörigen zustimmen, können die Maßnahmen zur künstlichen Wiederbelebung eingestellt werden.

Möglicherweise werden die Angehörigen jetzt um Zustimmung zur Entnahme von Nieren, Herz oder anderen Organen zum Zweck der Transplantation gebeten. Es ist außerordentlich schwierig, derartige Entscheidungen zu einem solchen Zeitpunkt zu treffen, und es mag gute Gründe dafür geben, seine Zustimmung zu verweigern. Über zwei Dinge muß man sich dabei jedoch im klaren sein: Zum einen, daß Organe nur entnommen werden, wenn keine Zweifel über den eingetretenen Hirntod bestehen. Die Organspende kommt nur in Frage, wenn die oben beschriebenen Tests durchgeführt worden sind, und wenn sich ein unabhängiges Ärzteteam der Ergebnisse völlig sicher ist. Zum anderen entscheiden Transplantationen tatsächlich in vielen Fällen über Leben und Tod eines oder sogar mehrerer Menschen.

3. Im Krankenhaus

Nach den Erste-Hilfe-Maßnahmen am Unfallort und der Versorgung durch Notarzt und Sanitäter werden die Rettungsmaßnahmen im Krankenhaus durch ein Ärzteteam mit allen verfügbaren Hilfsmitteln und Geräten weitergeführt.

Patienten und deren Angehörige haben oft noch nie etwas mit einem Krankenhaus zu tun gehabt und fühlen sich durch diese große, imposante Institution möglicherweise zunächst verloren und eingeschüchtert. Es ist schon eine Erleichterung, wenn Sie wissen, wie ein Krankenhaus funktioniert, mit wem Sie es dort zu tun haben können, und wem welche Funktion zukommt. Außerdem sollte Ihnen immer bewußt sein, daß diese ganze Institution in Ihrem Interesse eingerichtet wurde.

Um Ihnen einen Einblick in Organisation und Arbeitsweise eines Krankenhauses zu geben, wollen wir Michaels Geschichte vom Unfallort bis zur Entlassung aus dem Krankenhaus verfolgen. (Michael ist der im ersten Kapitel vorgestellte junge Mann, der einen schweren Verkehrsunfall erlitten hat.) Anschließend werden wir darüber berichten, was bei weniger schwer verletzten Unfallopfern geschieht und in diesem Zusammenhang einige Besonderheiten behandeln.

Erste-Hilfe-Maßnahmen am Unfallort und Transport im Rettungswagen

Michael stürzte mit seinem Motorrad und prallte gegen einen Baum; er wurde bewußtlos und blutete stark aus einer offenen Wunde am Oberschenkel. Sein Freund Jan war hinter ihm auf einem Motorrad hergefahren und daher als erster bei ihm. Ein Autofahrer verständigte den Rettungsdienst, der 15 Minuten nach dem Unfall eintraf.

In Kapitel 2 wurde die erste Stunde nach dem Unfall als diejenige Phase bezeichnet, in der es zu sekundären Unfallfolgen kommen kann. Wenn das Unfallopfer eingeklemmt ist oder seine Atemwege durch Blut oder Erbrochenes blockiert sind, kann es vielleicht nicht richtig atmen. Dadurch bekommt das verletzte Gehirn nicht genügend Sauerstoff und wird weiter geschädigt. Jan versuchte, Michaels Gesicht und vor allem seinen Mund von Kleidung, Erbrochenem und Blut so gut er konnte freizumachen. Dabei mußte er vorsichtig vorgehen, um ihn nicht unnötig zu bewegen, für den Fall, daß er sich weitere Verletzungen zugezogen haben sollte. Nebenbei bemerkt: Selbst wenn Sie so vernünftig waren und einen Erste-Hilfe-Kurs absolviert haben, ist es in manchen Situationen nicht leicht, die erforderlichen Maßnahmen durchzuführen. Niemand sollte daher Schuldgefühle haben, wenn er sich dazu nicht in der Lage sieht.

Der Rettungswagen war mit Sanitätern und einem Arzt besetzt, die genau wußten, was bei schweren Verletzungen zu tun ist. Zunächst sorgten sie dafür, daß Michael frei atmen konnte. Hierzu muß manchmal ein Schlauch in die Luftröhre eingeführt werden, um die Atemwege freizuhalten; doch dies schien in Michaels Fall nicht nötig zu sein. Dann behandelten sie sowohl die Wunde am Oberschenkel, um die Blutung während des Transports zum Krankenhaus zu unterbinden, als auch einige kleinere Verletzungen.

Ein weiterer wichtiger Punkt im Hinblick auf die sekundären Unfallfolgen ist der Blutverlust. Bei stark blutenden Wunden oder bei großen Blutergüssen sinkt der Blutdruck unter den Normalwert, und das Gehirn wird nicht mehr ausreichend mit Sauerstoff versorgt. Die Besatzung des Rettungswagens gab Michael gleich eine Transfusion, um das verlorene Blut zu ersetzen und um den Blutdruck auf den Normalwert zu bringen. Weil eine Blutgruppenbestimmung erst im Labor durchgeführt werden konnte, wurden am Unfallort nur Blutersatzmittel verabreicht.

Michael mußte so schnell wie möglich ins Krankenhaus. Hubschrauber können die Transportzeit verkürzen und werden oft eingesetzt, wenn sich der Unfall in unwegsamem Gelände oder weitab von der Straße ereignet hat. Ein Hubschrauber bietet allerdings nur wenig Platz und es kann für Rettungspersonal sehr eng werden. Ein Rettungswagen mag zwar etwas länger brauchen, aber der Patient kann besser überwacht werden als in einem Hubschrauber.

Rettungsmaßnahmen am Unfallort

Freimachen der Atemwege.
Transfusion zum Ausgleich von Blutverlusten.
Versorgung von Wunden und Knochenbrüchen.

Ankunft im Krankenhaus

Die Ärzte im Krankenhaus untersuchten Michael gründlich. Als erstes wurde registriert, daß er in tiefer Bewußtlosigkeit lag und seine anfänglich noch unbeeinträchtigte Atmung inzwischen kritisch geworden war. Deshalb intubierte man ihn, das heißt, ein Schlauch wurde durch seine Nase in die Luftröhre eingeführt und mit einem Beatmungsgerät verbunden. Das Gerät übernahm die Atmung für Michael und half ihm, mit seinen verbliebenen Kräften hauszuhalten. Jetzt konnten auch muskelentspannende Medikamente verabreicht werden, um Husten und weitere körperliche Anstrengungen zu vermeiden, die das Gehirn noch mehr belastet hätten. Durch die nun ausreichende Sauerstoffversorgung wurde Michaels Gesichtsfarbe wieder kräftiger, und auch sein Allgemeinzustand stabilisierte sich zusehends.

Anschließend setzte man die Untersuchung des ganzen Körpers fort, wobei sich die Aufmerksamkeit besonders auf Kopf, Brustkorb, Bauchraum und Wirbelsäule richtete. Da diese Körperteile bei einem Motorradunfall besonders häufig verletzt werden, macht man routinemäßig Röntgenaufnahmen von Brustkorb und Nacken. Zum Glück waren in Michaels Fall keine Anzeichen von Verletzungen zu finden.

Als nächstes wurde das Ausmaß des Blutverlustes festgestellt. Michael hatte so viel Blut verloren, daß Blutersatzmittel nicht ausreichten; sein Blut wurde daher analysiert und eine Bluttransfusion vorgenommen.

Erste Maßnahmen im Krankenhaus

Überwachung der Atmung.
Bestimmung des Blutverlusts.
Untersuchung der Kopfverletzung.
Untersuchung von Nacken, Wirbelsäule, Brustkorb und Bauchraum.

Für alle diese einleitenden Maßnahmen war große Eile geboten: Innerhalb von 15 Minuten nach Michaels Einlieferung in das Krankenhaus waren sie abgeschlossen. Es wird Ihnen vielleicht aufgefallen sein, daß bisher sehr wenig von der Kopfverletzung selbst die Rede war. Das mag Sie überraschen, aber zu diesem Zeitpunkt genügt es bereits, optimale Bedingungen zu schaffen, damit sich das Gehirn erholen kann: Den Kreislauf zu stabilisieren, eine ausreichende Sauerstoffversorgung des Gehirns zu sichern und körperliche Anstrengungen zu verhindern. Erst danach wird die Kopfverletzung näher untersucht.

Da Michael bei der Aufnahme bewußtlos war, hatte man noch vor Verabreichung muskelentspannender Medikamente rasch einige Hirnfunktionen überprüft. Die Tiefe der Bewußtlosigkeit wurde als Komawert notiert, um spätere Veränderungen registrieren zu können. Michael wurde in Arme und Beine gekniffen, um zu sehen, ob sie sich als Reaktion darauf bewegen. Man überprüfte, ob die Pupillen auf einfallendes Licht reagieren. Von einem bewußtlosen Patienten kann man sich natürlich nur begrenzte Informationen beschaffen, aber bereits diese einfachen Tests zeigen gewöhnlich, ob eine schwere Schädigung der Hirnfunktionen vorliegt. Außerdem suchte man am Kopf nach Blutergüssen oder Wunden, denn diese können wichtige Aufschlüsse über Schädelverletzungen geben.

Glücklicherweise zeigte Michael bei dieser ersten Untersuchung normale Reflexe der Arme und Beine, und auch seine Pupillen reagierten normal. Zu diesem Zeitpunkt, also zwei bis drei Stunden nach dem Unfall, war er in die Phase eingetreten, bei der das Risiko tertiärer Unfallfolgen zunimmt (siehe Kapitel 2). Der Druck innerhalb des Schädels kann auf Grund eines Blutergusses oder eines Hämatoms steigen. Wäre Michael nicht so schwer verletzt gewesen und bei Bewußtsein geblieben, dann hätte sich dies durch eine zunehmende Bewußtseinstrübung, oder vielleicht auch durch Lähmungserscheinungen einer Körperseite, angekündigt. Da Michael jedoch in tiefer Bewußtlosigkeit lag und muskelentspannende Medikamente bekommen hatte, waren diese Symptome nicht zu beobachten, und die behandelnden Ärzte mußten ihre Diagnose auf apparative Untersuchungen stützen; sobald wie möglich wurden Röntgenaufnahmen des Kopfes gemacht.

Apparative Untersuchungen

Röntgenaufnahmen
Herkömmliche Röntgenaufnahmen zeigen nur den Schädelknochen, nicht aber das Gehirn. Man möchte zwar wissen, ob ein Schädelbruch vorliegt oder ob Knochenteile in das Gehirn eingedrungen sind, noch wichtiger ist zu diesem Zeitpunkt jedoch der Zustand des Gehirns selbst; eine sehr wichtige Methode, um das Gehirn an sich darzustellen, ist die Computertomographie (CT).

Computertomographie (CT)
Mit Hilfe der Computertomographie läßt sich auch das weiche Hirngewebe darstellen, und man kann erkennen, ob Blutergüsse vorliegen oder ob sich ein Hämatom bildet; genau diese Information benötigt man jetzt bei Michael. Mit seinen Transfusions- und Beatmungsschläuchen wurde er zum CT-Gerät gefahren. Wie die Untersuchung zeigte, hatte sich oberhalb des linken Ohres, zwischen dem Schädelknochen und der äußeren Hirnhaut (der Dura), ein Hämatom gebildet, das erheblichen Druck auf das Gehirn ausübte; dieses Hämatom mußte durch eine neurochirurgische Operation entfernt werden.

Hinweise auf die Vorgänge im Gehirn

Blutergüsse, Wunden und Röntgenaufnahmen des Schädels geben erste Hinweise auf Verletzungen des Gehirns.
CT-Aufnahmen vermitteln ein genaues Bild vom Zustand des Gehirns.
Komawert und *Bewegung* geben nur Aufschluß, wenn keine muskelentspannenden Medikamente verabreicht wurden.

Das Intensivteam

Diejenigen Personen, die Michael nach seiner Ankunft auf der Unfallstation bisher versorgt haben, gehören zum sogenannten Intensivteam. Sie sind auf die Behandlung von Schwerverletzten spezialisiert, ihr Ziel ist es, Leben zu erhalten und die Auswirkungen mehrfacher Verletzungen zu reduzieren. Wenn in bestimmten Körperregionen Verletzungen auftreten, ziehen sie weitere Spezialisten hinzu: bei Knochenbrüchen Orthopäden, bei Verletzungen von Bauch- und Brustraum Abdominal- und Thoraxchirurgen und bei Verletzungen des Kopfes Neurochirurgen.

Nachdem die ersten Untersuchungen abgeschlossen waren, benachrichtigte ein Mitglied des Teams Michaels Angehörige und sprach mit ihnen, sobald diese in der Unfallstation eingetroffen waren. Er klärte sie über Michaels schwere Verletzungen auf und wies vorsichtig darauf hin, daß Michael den Unfall möglicherweise nicht überleben würde. Mehr konnte er zu diesem Zeitpunkt noch nicht sagen, und die Angehörigen mußten sich mit dieser Information einstweilen zufrieden geben, da einfach nicht abzusehen war, wie es weitergehen würde.

Die Angehörigen müssen sich klar machen, daß Ärzte zu Beginn der Behandlung, aber oft auch noch mehrere Wochen nach einem Unfall, keine genauen Vorhersagen darüber machen können, was die Zukunft für den Patienten bringen wird. Sie können allenfalls feststellen, ob es sich um eine schwere oder eine weniger schwere Verletzung handelt. Wie sie aus Erfahrung wissen, wird ein gewisser Prozentsatz der Patienten mit schweren Verletzungen sterben, andere Patienten werden mit einer Behinderung überleben, und wiederum andere können sich gut erholen. Vorhersagen, ob ein bestimmter Patient, wie zum Beispiel Michael, zur einen oder anderen Gruppe zählen wird, beruhen also lediglich auf statistisch fundierten Prognosen. Verständlicherweise fragen die Angehörigen verzweifelt, was geschehen wird; sie müssen jedoch bedenken, daß in diesem Fall der Arzt ehrlicherweise keine eindeutige Antwort geben kann. Auch wenn es schwer zu akzeptieren ist, die Angehörigen können jetzt nichts weiter tun, als die weitere Entwicklung abzuwarten.

Michaels Eltern fragten, ob sie ihren Sohn sehen könnten. Sie äußerten den Wunsch, wenigstens für einen Moment bei ihm zu sein, obgleich er in tiefer

Bewußtlosigkeit lag und von Schläuchen, Geräten sowie den Ärzten und dem vielbeschäftigten Pflegepersonal umgeben war. Manche Menschen empfinden einen solchen Anblick als derartig erschreckend, daß sie sich nicht damit belasten wollen; sie brauchen sich deshalb jedoch keine Vorwürfe zu machen.

Nachdem Michaels Eltern ihren Sohn kurz gesehen hatten, wurde er in die Röntgenabteilung gefahren, wo die erforderliche CT-Aufnahme gemacht wurde. Als feststand, daß Michael operiert werden mußte, sprach der Neurochirurg mit Michaels Eltern, um sie über die Situation aufzuklären und ihnen mitzuteilen, wie seiner Meinung nach weiter vorzugehen sei.

Bei Michaels Einlieferung ins Krankenhaus war die Lage anfangs sehr kritisch gewesen und jeder Moment hatte gezählt. Erst nachdem die lebensrettende Primärversorgung abgeschlossen war, konnten seine Angehörigen gesucht werden, um mit ihnen die nächsten Schritte zu besprechen, und um ihre Genehmigung dafür einzuholen. Der Arzt erläuterte den Zustand des Patienten und klärte die Eltern über mögliche Risiken auf, die mit einer Operation, oder anderenfalls mit dem Verzicht auf eine Operation, verbunden sind. Auch wenn die Angehörigen umfassend und zugleich einfühlsam informiert werden, haben sie bei dieser Unterredung unter Umständen das Gefühl, daß sie wenig zu der Entscheidung beitragen können. Da die Art der Verletzungen den behandelnden Ärzten oftmals bestimmte Entscheidungen aufzwingt, gibt es meist gar keine Alternativen. Die Ärzte sollten jedoch über den Zustand des Patienten völlig offen sprechen und Fragen geduldig beantworten; die Angehörigen haben ein Recht auf ausführliche Information. Andererseits sollten sich die Familienangehörigen klar machen, daß diejenigen, die auf einer Unfallstation tätig sind, ebenfalls emotional reagieren können, auch wenn sie beruflich täglich mit derartigen Situationen konfrontiert sind; auch Ärzte und Pflegepersonal brauchen ein gewisses Maß an Unterstützung und Anerkennung, um die an sie gestellten Anforderungen bewältigen zu können.

Auskünfte der behandelnden Ärzte

So frühzeitig wie möglich.
So umfassend wie möglich.
So oft, wie sie darum gebeten werden.

Die Angehörigen müssen bedenken

Genaue Vorhersagen sind nicht möglich, sondern nur statistisch fundierte Prognosen.

Operationen

Für die meisten Menschen sind Gehirnoperationen etwas völlig Unvorstellbares und sehr Beängstigendes; dabei sind die bei Hirnverletzungen erforderlichen Operationen im allgemeinen relativ unkompliziert und auch nicht übermäßig riskant. Die Angst wird eigentlich durch die Ursache für eine derartige Operation ausgelöst und durch die Ungewißheit, wie sehr das Gehirn des Verletzten schon geschädigt ist. Doch dies zeigt sich erst zu einem späteren Zeitpunkt, wenn der Patient das Bewußtsein wiedererlangt hat, und man beobachten kann, wie sein Gehirn funktioniert.

In Michaels Fall wurde bei der Operation eine kleine Öffnung in den Schädelknochen geschnitten, und zwar direkt über dem Hämatom, dessen Position aus der CT-Aufnahme ersichtlich war; durch diese Öffnung konnte der Blutpfropf entfernt werden. Danach wurde der Knochen wieder an der alten Stelle eingesetzt und befestigt; drei bis vier Wochen später war er wieder fest verwachsen und verursachte keinerlei Beschwerden.

Eine andere Operation ist bei Kopfverletzungen mit offenen Wunden nötig. Diese Verletzungen können zwar teilweise furchterregend aussehen, besonders wenn das Gehirn zum Vorschein kommt, doch der entsprechende Eingriff ist im allgemeinen relativ problemlos und auch erfolgreich, häufig ist der Patient langfristig nur geringfügig beeinträchtigt.

Auf der Intensivstation

Patienten mit einer schweren Kopfverletzung müssen für einige Zeit auf der Intensivstation beobachtet werden, unabhängig davon, ob eine Operation erforderlich ist oder nicht. Ihr gesamter Körper ist durch den Unfall schwer in Mitleidenschaft gezogen; nicht nur die Verletzungen am Kopf oder an anderen Körperteilen belasten den Organismus, sondern auch der niedrige Blutdruck infolge des Blutverlusts und der normalerweise damit einhergehende Sauerstoffmangel. Der Zustand eines Patienten kann sich in kurzer Zeit stark verändern; der Verletzte muß daher sorgfältig überwacht und die Behandlung – wie zum Beispiel die künstliche Beatmung – von Stunde zu Stunde neu angepaßt werden.

Intensivüberwachung

Zur Überwachung wurde Michael über Schläuche und Kabel mit verschiedenen Geräten verbunden, von denen jedes seinen eigenen Monitor hatte. Michaels Herzschlag beispielsweise zeigte sich fortlaufend auf dem Bildschirm des Elektrokardiogramm-Gerätes (EKG). Häufig wird auf demselben Bildschirm auch der Blutdruck aufgezeichnet; er wird über einen in eine kleine Arterie des Fußgelenks oder des Armes eingeführten Schlauch gemessen. Manchmal wird der Hirndruck über eine Sonde im Schädel fortlaufend registriert und auf einem weiteren Bildschirm dargestellt. Um den Patienten zu ernähren und um ihm die nötigen Medikamente zu verabreichen, wird eine Tropfinfusion in eine Armvene geleitet. Das Beatmungsgerät schließlich mißt die Anzahl der Atemzüge pro Minute und deren Tiefe; die Atmung muß so eingestellt werden, daß der Sauerstoff- und Kohlendioxydgehalt im Blut im richtigen Verhältnis zueinander bleiben. Auch die einzelnen Komponenten des Blutes werden regelmäßig bestimmt. Mit wiederholten CT-Untersuchungen stellt man fest, ob sich im Gehirn weitere Blutergüsse oder Hämatome bilden.

Elektroencephalogramm (EEG)
Auf einem Elektroencephalogramm (EEG) oder Hirnstrombild kann man die Aktivität des Gehirns ablesen. Hierzu werden die schwachen elektrischen Ströme über Elektroden auf der Kopfhaut an einen Apparat geleitet, der die Hirnstromkurven auf Papier aufzeichnet.

Sensorisch evozierte Signale (SEP)
Weitere Hinweise auf die Hirnaktivität bieten die sensorisch evozierten Potentiale (SEPs). Wird ein Nerv in Arm oder Bein mit Hilfe eines kleinen Reizstromes stimuliert, so verändert sich das EEG. Die Zeitspanne, bis sich diese Veränderung ablesen läßt, vergrößert sich, wenn bestimmte Strukturen des Gehirns (der Hirnstamm) beschädigt sind. Anhand der ersten Messungen läßt sich abschätzen, wie schwerwiegend die Schädigung ist, spätere Messungen zeigen, ob sich der Zustand gebessert hat. Für Experten können derartige Messungen von Nutzen sein; sie sind jedoch im Normalfall nicht unbedingt erforderlich und werden nur in großen Krankenhäusern mit neurologischen Spezialabteilungen durchgeführt.

Die hier dargestellten Maßnahmen zur Versorgung von Schwerverletzten wurden erst im Laufe der letzten 20 Jahre entwickelt; es entstand eine ganz neue Sparte in der Medizin, die sogenannte Notfall- und Intensivmedizin und die Zahl der überlebenden Schwerverletzten ist dadurch enorm gestiegen.

Künstliche Beatmung

Die Frage, wie lange die künstliche Beatmung fortgesetzt werden soll, ist nicht einfach zu beantworten. Eine ruhige Atmung, das Vermeiden von Husten und sonstigen körperlichen Anstrengungen sowie der richtig eingestellte Sauerstoff- und Kohlendioxidgehalt im Blut sind die besten Voraussetzungen für eine Erholung des Gehirns. Eine künstliche Beatmung kann auch aufgrund einer Verletzung des Brustkorbes oder anderer Körperteile erforderlich sein. Sie hat jedoch auch ihre Nachteile, und der Intensivmediziner wird versuchen, den Patienten zu entwöhnen, sobald er dies verantworten kann. Hat sich der Zustand des Patienten stabilisiert läßt man den Patienten unter Beobachtung allein atmen und kontrolliert, ob seine eigene Atmung ausreicht. Wenn dies nicht der Fall ist, wird die Beatmung für ein oder zwei Tage weitergeführt, bevor ein Entwöhnungsversuch unternommen werden kann.

Muß der Patient länger als drei bis vier Tage beatmet werden, kann der Schlauch die Luftröhre reizen und unter Umständen sogar schädigen. In diesem Fall wird man vielleicht eine Tracheotomie durchführen: Unter Lokalanästhesie öffnet man die Luftröhre durch einen Schnitt in den Hals unterhalb des Adamsapfels; in das Loch führt man eine Plastikkanüle ein, und diese schließt man dann an das Beatmungsgerät an. Wird das Beatmungsgerät nicht mehr benötigt, kann die Kanüle solange zur normalen Atmung benutzt werden, bis sicher ist, daß keine Behinderung der Atemwege mehr besteht. Wurde die Kanüle wieder entfernt, verheilt das Loch im Hals innerhalb von wenigen Tagen von selbst.

Flüssigkeits- und Nahrungsaufnahme

Anfangs mußten Michael die flüssige und feste Nahrung mit Hilfe von Infusionen verabreicht werden. Als sich sein Zustand nach ein bis zwei Tagen jedoch besserte, führten die Ärzte einen dünnen Schlauch, die sogenannte Magensonde, durch den Rachen in seinen Magen ein, so daß er auf diesem Wege zuerst flüssige und später pürierte Nahrung aufnehmen konnte.

Spezielle Pflegemaßnahmen

Bewußtlose Menschen müssen besonders gepflegt werden, sonst bilden sich Druckstellen der Haut (Dekubitus). Gelenke versteifen, wenn sie nicht bewegt werden; die bei Knochenbrüchen angelegten Schienen müssen verstellt werden. Auf diese Punkte achten Pflegepersonal und Krankengymnasten besonders.

Einen Tag nach Michaels Operation wurde eine weitere CT-Aufnahme gemacht. Sie zeigte, daß sich das Gehirn nach der Entfernung des Hämatoms gut regeneriert hat. Wegen der muskelentspannenden und beruhigenden Medikamente war es zu diesem Zeitpunkt jedoch noch nicht möglich, Aussagen über seine Gehirnfunktionen zu machen. Michael schien jedoch in der Lage zu sein, selbständig atmen zu können, und die Ärzte stellten die künstliche Beatmung ein. Michael war zwar immer noch bewußtlos, er bewegte jedoch

Arme und Beine bei Stimulation, und er schien keine Lähmungen aufzuweisen.

Nach ein paar Tagen begann Michael, seine Augen zu öffnen und sich in seinem Bett zu bewegen, wenn er angesprochen wurde. Bis jetzt hatte er noch nicht versucht zu schlucken, so daß er weiterhin über den Magenschlauch ernährt wurde. Doch sein Zustand hatte sich stabilisiert: Er brauchte keine Unterstützung der lebenswichtigen Körperfunktionen mehr, und so konnte das nächste Stadium der Behandlung beginnen.

Intensivpflege: Rund um die Uhr

Messen von Herzschlag und Blutdruck.
Überwachen der Atmung.
Überwachen von Flüssigkeits- und Nahrungsaufnahme.
Messen der Hirnfunktionen.
Abwarten, bis der Patient seine Körperfunktionen wieder selbsttätig reguliert.

Auf der Neurologischen Station

Als nächstes wurde Michael auf die Neurologische Station verlegt. Der genaue Name dieser Abteilung unterscheidet sich von Ort zu Ort, ebenso wie seine organisatorische Zuordnung innerhalb eines Krankenhauses. In größeren Krankenhäusern wird es die Abteilung für Neurochirurgie sein, in kleineren eine Abteilung für Allgemeine Chirurgie, in der ganz verschiedene Fälle behandelt werden. Vielleicht ist es auch eine spezielle Abteilung zur Pflege und Rehabilitation von Patienten mit Schädel-Hirn-Verletzungen; doch solche Abteilungen gibt es bis jetzt noch sehr selten. Wer für diese Abteilung verantwortlich ist, wird daher von Fall zu Fall verschieden sein: Im allgemeinen handelt es sich um einen Chefarzt oder Oberarzt, der die Verantwortung für die medizinische Versorgung trägt, sowie um eine Stationsschwester, die für die Pflege zuständig ist. Sie werden unterstützt von jüngeren Stations- und Assistenzärzten sowie Krankenschwestern und Pflegern. Krankengymnasten sorgen dafür, daß Muskeln und Gelenke beweglich bleiben; Ergotherapeuten helfen den Patienten bei alltäglichen Verrichtungen wie Waschen, Anziehen und Essen. Um den Genesungsprozeß zu beschleunigen, bemühen sich außerdem Sprachtherapeuten, Diätberater und Psychologen um Michael.

Michaels Angehörige wissen oft nicht, an wen sie sich mit Fragen wenden sollen, und wie sie die verschiedenen Ratschläge der einzelnen Mitglieder der Station in Einklang bringen können. Größere Abteilungen für kopfverletzte Patienten und deren Familien werden dafür gewisse Strategien entwickelt haben. Eigentlich sollten regelmäßig Treffen zum Informationsaustausch stattfinden, damit die Familie genau weiß, was passiert, und damit die Mitglieder der Station ihre Instruktionen direkt weitergeben können. Angehörige versuchen jedoch auch, außerhalb dieser Treffen Informationen über mögliche Fortschritte zu bekommen. Sie fragen die Krankenschwester oder einen Assistenzarzt, wenn sie sie zufällig auf dem Gang treffen, wie die Dinge stehen. Schwester oder Arzt versuchen vielleicht zu helfen; möglicherweise sind sie jedoch nicht auf dem neuesten Stand oder ihre Auskünfte werden mißverstanden. Holen Sie daher wichtige Informationen nur bei den verantwortlichen Personen ein. Bestehen Sie auch in nicht so gut organisierten Abteilungen auf regelmäßige Unterredungen mit den Verantwortlichen, und stellen Sie dabei alle für Sie wichtigen Fragen.

> Die Station muß für regelmäßigen Informationsaustausch sorgen und möglichst immer durch ein und dieselbe Person umfassend informieren.

Michael kann inzwischen seinen Angehörigen mit einfachen Worten antworten und sich außerdem selbständig bewegen. Er hat angefangen, selbst zu essen, so daß die Magensonde entfernt werden konnte. (In manchen Abteilungen werden zu diesem Zeitpunkt Röntgenaufnahmen gemacht um sicherzustellen, daß das Schlucken problemlos funktioniert.) Die Krankengymnasten halfen Michael, seine Muskelkraft wiederzuerlangen; die Ergotherapeuten brachten ihm bei, alltägliche Verrichtungen wieder selbständig erledigen zu können, das heißt beispielsweise, sich allein zu waschen und anzuziehen. Außerdem sollte Michael Hobbys und Neigungen nachgehen, die dazu beitragen konnten, seine früheren Fertigkeiten wiederzuerlangen: Er beschäftigte sich mit Puzzles und anderen Spielen und machte Musik. Wie viele andere Patienten, die eine Verletzung der linken Gehirnhälfte erlitten haben, hatte auch Michael am Anfang Schwierigkeiten, die richtigen Worte zu finden; er brauchte daher die Hilfe eines Sprachtherapeuten.

Wie wir bereits erwähnt haben, geben die behandelnden Ärzte den Familienangehörigen Anweisungen zum Umgang mit dem Patienten. Derartige Anweisungen und ihre Ausführungen sind außerordentlich wichtig. Es gibt niemals genügend Therapeuten, um all das zu tun, was für einen Schädel-Hirn-Verletzten erforderlich wäre, so daß die Familie eine ganz wichtige Rolle spielt. Es gibt natürlich auch Dinge, die nur die Angehörigen selbst übernehmen können: nur sie können den Patienten an sein Leben vor dem Unfall erinnern und ihn wieder in seine alte Welt einführen. Natürlich haben die Angehörigen das Recht zu fragen, weshalb eine bestimmte Anweisung gegeben wurde, und sie mögen deren Nutzen anzweifeln. Sie sollten Ihre Einwände unbedingt zur Sprache bringen und niemals einer Sache zustimmen, um sie dann nicht zu befolgen; das könnte dem Patienten ernstlich schaden.

Zwei Wochen nach der Verlegung auf die Abteilung für Kopfverletzte konnte Michael laufen; er hatte jedoch noch einige Probleme mit seinen geistigen Funktionen und leichte Verhaltensveränderungen. (Auf diese Probleme werden wir in einem anderen Teil des Buches eingehen.) Als Michael mehr unternehmen konnte, begann er mit seiner Familie kleine Ausflüge zu machen: erst für ein oder zwei Stunden, dann über Nacht und später über das Wochenende. Er war jetzt nicht mehr auf die intensive Pflege einer Krankenhausstation angewiesen, und damit begann für ihn das nächste Stadium der Genesung. (Dieser Übergang und die damit verbundenen Probleme werden im nächsten Kapitel beschrieben.)

Die Neurologische Station

Der Patient soll lernen selbst zu essen, zu sprechen, allein zu laufen und sich ohne fremde Hilfe zu versorgen; angestrebt wird eine Rückkehr zu den Angehörigen.

Mittelschwere Kopfverletzungen

Viele Kopfverletzungen müssen zwar im Krankenhaus behandelt werden, sind aber nicht so schlimm, daß die Verletzten die oben geschilderte Intensivpflege benötigen. Diese Patienten werden zunächst gewöhnlich in der Unfallstation des Krankenhauses versorgt, dann jedoch auf eine andere Station – eventuell auf eine Neurologische Station – verlegt. Manche Patienten sind bereits bei Bewußtsein, wenn sie auf diese Station kommen, andere sind vielleicht noch ein oder zwei Tage bewußtlos. Sie werden ähnliche Fortschritte machen wie Michael, vermutlich aber schneller; auch die Therapie ist bei ihnen weitgehend die gleiche.

Bei diesen Patienten ist vor allem zu bedenken, daß selbst bei relativ leichten Verletzungen Komplikationen auftreten können – die oben erwähnten tertiären Unfallfolgen, die es unverzüglich zu erkennen und zu behandeln gilt. Daher werden die Patienten sorgfältig beobachtet und regelmäßige Kontrolluntersuchungen durchgeführt.

Einige der Patienten benötigen anfänglich die gleiche Therapie wie Schwerstverletzte. Ihr Zustand wird genau überwacht und Nahrungsaufnahme sowie Blasen- und Darmentleerung werden kontrolliert. Auch diese Kopfverletzten können unruhig, verwirrt oder aggressiv sein, so daß entsprechende Maßnahmen ergriffen werden müssen. Probleme mit dem Bewegungsapparat, mit dem Gleichgewicht und dem Denken sowie Verhaltensstörungen können auftreten. Auch bei diesen Patienten werden je nach Bedarf Krankengymnasten, Ergotherapeuten und Psychologen zur Behandlung hinzugezogen.

Mit wem es die Angehörigen dieser Patienten auf einer Neurologischen Station zu tun haben können, wurde bereits weiter oben beschrieben. Auch bei nicht so schweren Verletzungen sollten Sie auf eine ausführliche Information bestehen.

Die hier angesprochenen Patienten sollten in gewissen Abständen nachuntersucht werden; dies kann in der Ambulanz des Krankenhauses, beim Hausarzt oder bei einem Facharzt erfolgen. Auch Patienten, die sich anscheinend sehr schnell erholen, können mit langwierigen Problemen konfrontiert werden (siehe Kapitel 5).

Mittelschwere Verletzungen

Patienten mit mittelschweren Verletzungen erholen sich schneller als Schwerverletzte, aber:
Sie tragen dasselbe Risiko.
Die gleichen Vorsichtsmaßnahmen sind erforderlich.
Denk- und Verhaltensstörungen können fortbestehen, auch wenn der Genesungsprozeß abgeschlossen erscheint.
Auch hier müssen die Angehörigen umfassend informiert werden.

Leichte Kopfverletzungen

Auf jede Person, die nach einer Kopfverletzung stationär im Krankenhaus behandelt wird, kommen drei oder mehr Personen, die zwar in der Unfallstation behandelt, dann aber nach Hause geschickt werden können. Einige von ihnen sind vielleicht noch verwirrt oder noch nicht wieder bei vollem Bewußtsein, meist erholen sie sich allerdings innerhalb von ein oder zwei Stunden. Teilweise müssen ihre Wunden gereinigt und genäht werden.

Eine Untersuchung im Krankenhaus ist auch bei diesem Personenkreis wichtig, weil tertiäre Unfallfolgen selbst nach leichten Kopfverletzungen auftreten können. Da es sich hier um gravierende Komplikationen handelt, gibt es sehr strenge Regeln, wer das Krankenhaus verlassen und wieder nach Hause gehen darf. Viele Krankenhäuser haben spezielle Vorschriften für Kinder und alte Leute, und wie die Kriterien im einzelnen formuliert sind, mag sich von Ort zu Ort unterscheiden, im allgemeinen gilt jedoch folgendes:

1. Wer nach Hause entlassen wird, darf keine Anzeichen für mögliche Komplikationen aufweisen; der Betroffene muß klar denken und sich erinnern können, er darf keine Gleichgewichtsstörungen und nur geringfügige Kopfschmerzen haben.

2. Es dürfen keinerlei Hinweise für einen Schädelbruch bestehen; die Fraktur selbst spielt dabei zwar keine Rolle, aber Komplikationen treten bei Patienten mit Schädelfraktur etwa 30mal häufiger auf. Einige Krankenhäuser röntgen jeden Patienten, aber das ist vielleicht unnötig und verschwenderisch. Röntgenaufnahmen sollten nur dann angeordnet werden, wenn klare Anzeichen für eine Fraktur vorliegen.

3. Die Patienten dürfen zu Hause nicht allein sein.

Zur Erinnerung

Sie haben ein Recht auf eine kompetente und einfühlsame Behandlung und Information.
Bei anstehenden Entscheidungen müssen Sie miteinbezogen werden.
Derjenige, den Sie um Auskunft bitten, kann nur vage Prognosen machen.
Der Genesungsprozeß bei einer Kopfverletzung ist sehr langwierig.

---

4. Die Entlassung aus dem Krankenhaus: Wie geht es weiter?

Nach einer Tage oder auch Wochen andauernden Phase der Ungewißheit darüber, ob der Ihnen nahestehende Mensch seine Verletzungen überleben würde, hatten Sie schließlich wieder ein Ziel vor Augen: Der Patient sollte sich so weit erholen, daß er das Krankenhaus verlassen kann. Sie verbrachten jede freie Minute an seinem Bett, ganz gleich, ob er bei Bewußtsein war oder nicht. Und dies war für ihn, aber auch für Sie selbst sehr wichtig. Wenngleich es zur Folge hatte, daß Sie täglich nach der Arbeit nach Hause hetzen mußten, wo Ihnen gerade noch die Zeit blieb, sich ein Fertiggericht zuzubereiten, gegebenenfalls rasch die Kinder ins Bett zu bringen und sich um einen Babysitter zu kümmern, damit Sie so schnell wie möglich wieder im Krankenhaus sein konnten. Sie hatten gehofft, die Hektik werde sich legen, wenn der Umsorgte nur erst wieder zuhause sei. Doch jetzt, wo seine Entlassung aus dem Krankenhaus bevorsteht, wird Ihnen bewußt, daß damit noch längst nicht alle Probleme gelöst sind. Sie fragen sich, ob die Entlassung auch wirklich im Sinne des Patienten ist, und ob Sie mit der veränderten Situation zurechtkommen werden. Zunächst wollen wir uns vor Augen führen, welche Umstände überhaupt für eine Entlassung aus dem Krankenhaus sprechen und wie diese Entlassung vonstatten geht. Anschließend werden wir mögliche Alternativen zur Unterbringung in der Familie erörtern.

Was spricht für eine Entlassung?

In Kapitel 3 war von Michaels Fortschritten die Rede, die es erlaubten, ihn von der Intensivstation in die Neurologische Abteilung der Klinik zu verlegen. Er war zwar nicht mehr auf Maschinen zur Aufrechterhaltung lebenswichtiger Funktionen angewiesen, mußte aber weiterhin rund um die Uhr überwacht werden. Er erholte sich zusehends und war dabei immer weniger auf die Hilfe anderer angewiesen. Zuletzt war die Genesung so weit fortgeschritten, daß er eigentlich nur noch eine Unterkunft, regelmäßige Verpflegung und etwas Hilfe bei schwierigeren Verrichtungen benötigte. Die Versorgung in einem Krankenhaus war nun nicht mehr erforderlich, mehr noch: Die hektische und teilweise deprimierende Atmosphäre einer Klinik könnte sich inzwischen sogar ausgesprochen negativ auf den weiteren Heilungsverlauf auswirken. Es war also an der Zeit, sich um eine andere Unterbringungsmöglichkeit zu bemühen.

Entlassung nach Hause, in ein Rehabilitationszentrum oder in ein Heim?

Ein Schädel-Hirn-Verletzter ist auf Hilfestellungen angewiesen, die über die Befriedigung der elementaren Grundbedürfnisse hinausreichen. Auf diese Weise soll es ihm ermöglicht werden, mit Unterstützung von Familie und Freunden und dem daraus resultierenden Gefühl der Geborgenheit wieder am alltäglichen Leben teilzuhaben. Insbesondere für die Eltern ist diese Form der Fürsorge nichts Neues, schließlich haben sie ihre Kinder jahrelang umsorgt, ihnen bei Krankheiten wie Masern und Mumps, bei Knochenbrüchen, bei Schulproblemen oder während der Pubertät beigestanden. Aber auch die Ehepartner haben das Bedürfnis, dem geliebten Menschen zu helfen. Und die Freunde schließlich möchten zum Ausdruck bringen, daß sich an ihrer Freundschaft nichts geändert hat.

Ideal wäre es natürlich, wenn der Patient nach seiner Entlassung zu Hause untergebracht werden könnte. Dort befände er sich in der ihm vertrauten Umgebung und im Kreise seiner Familie. Manchmal ist dies allerdings nicht möglich, zum Beispiel aus Platzmangel oder weil ein Elternteil beziehungsweise der Partner selbst krank ist.

Allerdings gibt es auch noch andere Umstände, die gegen eine Entlassung nach Hause sprechen können. So kann ein Schädel-Hirn-Verletzter möglicherweise im Umgang sehr schwierig sein, oftmals ohne sich seines Verhaltens bewußt zu sein. Er ist unter Umständen nicht in der Lage, auf andere Rücksicht zu nehmen, was für das Zusammenleben einer Familie aber von grundlegender Bedeutung ist. Er könnte überaus reizbar und lärmempfindlich sein. Oder er besteht darauf, unangebrachte oder gar gefährliche Dinge zu tun, wie um Mitternacht die Stereoanlage aufzudrehen oder eine kleine Spritztour mit seinem Motorrad zu unternehmen. (Darüber werden Sie im nächsten Kapitel näheres erfahren.) In vielen Fällen war der Patient vor seinem Unfall gewohnt, sein eigenes Leben zu führen und seine Entscheidungen selbst zu treffen. Es kann daher für die Angehörigen recht schwierig sein, genügend Energie und Durchsetzungsvermögen aufzubringen, um die aus der neuen Abhängigkeit resultierenden Spannungen in den Griff zu bekommen. Vielen fällt der ständige Wechsel zwischen der Rolle des fürsorgenden Elternteils oder Ehepartners und der eines unnachgiebigen Aufpassers sehr schwer. Daraus können für alle Beteiligten höchst problematische Situationen entstehen.

Die Bedürfnisse des Patienten

Im Krankenhaus:
Sicherstellung der Vitalfunktionen.
Intensivbehandlung.
Pflege rund um die Uhr.

Nach der Entlassung:
Unterkunft und Verpflegung.
Ständige Betreuung.
Zuwendung durch Angehörige und Freunde.
Rehabilitation.

Für den Patienten spielt neben den Bemühungen um eine Rückkehr ins Alltagsleben die Rehabilitation im engeren Sinne eine wichtige Rolle. Sie soll dem Schädel-Hirn-Verletzten helfen, das Gleichgewicht wiederzufinden, die Bewegungsabläufe wieder normal zu koordinieren und das Denkvermögen zu normalisieren. Schließlich soll der Patient wieder an seinen Arbeitsplatz zurückkehren können und diejenigen Fertigkeiten wiedererlangen, die er vor dem Unfall besaß. Manches davon kann durch die von den Therapeuten aus dem Krankenhaus ausgearbeiteten Trainingsprogramme erreicht werden, die der Patient selbständig zu Hause durchführen kann; der Großteil der Übungen muß jedoch unter der Aufsicht eines geschulten Therapeuten ausgeführt werden, was häufige Besuche im Krankenhaus oder Rehabilitationszentrum erforderlich macht. Wenn hierzu größere Entfernungen zurückgelegt werden müssen, kann der Transport Probleme bereiten oder die Anreise derart anstrengend verlaufen, daß die Behandlung darunter leidet. In diesem Fall dürfte eine Unterbringung im Rehabilitationszentrum das Vernünftigste sein. Ein Wochenendbesuch zu Hause könnte dann von allen Beteiligten wie ein regelrechter Urlaub genossen werden.

Es wäre natürlich ideal, wenn das Für und Wider einer Entlassung aus dem Krankenhaus – nach Hause oder in ein Rehabilitationszentrum – im Einzelfall individuell geprüft, Alternativen ausprobiert und Entscheidungen gegebenenfalls wieder revidiert werden könnten. Leider ist eine solche Vorgehensweise in vielen Fällen nicht möglich, sei es, weil es kein geeignetes Rehabilitationszentrum gibt, oder aber, weil die Warteliste so lang ist, daß zwischen Aufnahmeantrag und tatsächlicher Aufnahme eine Wartezeit mit allen negativen Folgen in Kauf genommen werden müßte. In solchen Fällen bleibt nur noch die Möglichkeit einer ambulanten Rehabilitation.

Patienten mit weniger schweren Kopfverletzungen

Viele Patienten müssen nur wenige Tage auf der Neurologischen Station verbringen, dann haben sie sich so weit erholt, daß eine Rückkehr nach Hause in Erwägung gezogen werden kann. Das bedeutet nicht, daß die oben beschriebenen Probleme nicht mehr auftreten können. Auch jemand, der sich im Krankenhaus offenbar gut erholt hat, kann gereizt reagieren, wenn er zu Hause den Lärm seiner Kinder oder Nachbarn ertragen muß. Womöglich vermag er nicht einzusehen, daß er noch nicht fahrtauglich ist oder noch nicht in die Kneipe gehen kann. In den meisten Fällen dauert dieses Stadium aber nur kurze Zeit an. Vorausgesetzt, Sie wurden auf diese Probleme hingewiesen und darüber aufgeklärt, wie man mit ihnen fertig werden kann (siehe Kapitel 5), dürften Sie schwierige Situationen ohne größere Probleme meistern.

In vielen Krankenhäusern ist es üblich, den Patienten zwei oder drei Wochen nach der Entlassung zur Nachsorgeuntersuchung zu bitten, bei der in aller Regel einige Tests durchgeführt werden, um Konzentrationsfähigkeit, Gedächtnisleistung oder Reaktionszeiten zu überprüfen. Dann fällt auch die Entscheidung darüber, ob der Patient seine Ausbildung fortsetzen beziehungsweise an seinen Arbeitsplatz zurückkehren kann oder an einem Rehabilitationsprogramm teilnehmen sollte.

Diejenigen, die nur eine leichte Kopfverletzung erlitten haben und daher nicht stationär im Krankenhaus behandelt werden mußten, werden normalerweise auch zu keiner Nachsorgeuntersuchung gebeten. Wegen der großen Zahl an Schädel-Hirn-Verletzten wäre es sehr kostspielig, jeden Patienten in das oben beschriebene Verfahren einzubeziehen. Für die etwa fünf bis zehn Prozent der Patienten, die eine längere Behandlung benötigen, sollte eine Weiterbetreuung möglich sein (eines der diesbezüglichen Angebote wird in Kapitel 7 beschrieben).

Patienten, die nicht nach Hause zurückkehren können

Einige Patienten mit sehr schwerem Schädel-Hirn-Trauma machen nur geringe Fortschritte, nachdem sie die Intensivstation verlassen haben. Sie sprechen und bewegen sich wenig und reagieren kaum auf ihre Umwelt. Sie bleiben auf Hilfe angewiesen, auch was die Befriedigung ihrer Grundbedürfnisse wie Nahrungsaufnahme und Körperpflege anbelangt. Ihre Behandlung auf einer neurologischen Station, die den Patienten vorbehalten bleiben soll, die sichtbar Fortschritte machen, ist nicht länger zu rechtfertigen. Sie müssen daher in eine andere Einrichtung verlegt werden.

Wegen der enormen Belastung, die ihre Pflege mit sich bringt, ist es nur selten möglich, solche Patienten nach Hause zu entlassen, abgesehen vielleicht von kleinen Kindern. In den USA und in Großbritannien gibt es spezielle Einrichtungen für diesen Personenkreis, aber in vielen Fällen sind öffentliche oder private Pflegeheime die einzige Möglichkeit der Unterbringung dieser Patienten. Diese Häuser sind (zumindest in den meisten Fällen) auf jenes Maß an Pflege eingerichtet, das den Patienten am Leben hält und nennenswerte Komplikationen ausschließt. Nur in Ausnahmefällen arbeiten sie jedoch in Erwartung weiterer Fortschritte nach einem Programm. Tatsache ist jedoch, daß jeder Patient wenigstens kleine Fortschritte machen kann, wenn nur die Rehabilitationsmaßnahmen weiterhin durchgeführt werden. Manchmal können diese Fortschritte so bedeutend sein, daß dadurch die Schwelle zwischen totaler Abhängigkeit und teilweiser Selbständigkeit überwunden werden kann.

Wie wird die Entlassung aus dem Krankenhaus vorbereitet?

Wenn die Verlegung aus dem Krankenhaus in ein Pflegeheim oder, im günstigsten Fall, in ein Rehabilitationszentrum ansteht, werden zunächst Termin und Uhrzeit hierfür zwischen den beiden Einrichtungen abgesprochen. Als Angehörige ist es Ihr gutes Recht, über alle Vereinbarungen informiert zu werden. Auch wenn es sich hier nicht um die endgültige Entlassung, sondern nur um die Verlegung in eine andere medizinische Institution handelt, sollten Sie den Rest dieses Kapitels lesen. Es wird sich nämlich mit der Frage befassen, was es zu bedenken gilt, bevor der Patient jenes Krankenhaus verläßt, in dem er seit seinem Unfall gelegen hat.

Falls Sie sich dazu entschlossen haben, Ihren Angehörigen selber zu Hause zu versorgen, müssen Vorkehrungen getroffen werden, die sicherstellen, daß Sie mit der Situation auch fertig werden. Es hat sich daher bewährt, die Entlassung in drei Stufen vorzunehmen. Die Terminierung dieser Stufen sollte in einem gemeinsamen Gespräch zwischen Ihnen, dem Pflegepersonal, den Ärzten, den Therapeuten sowie dem Sozialarbeiter festgelegt werden. Sofern der Patient dazu in der Lage ist, sollte auch er an dem Gespräch teilnehmen. Es ist durchaus denkbar, daß Ihnen der Ergotherapeut schon vor diesem ersten Gespräch einen Hausbesuch abstattet, um zu klären, welche Veränderungen vorgenommen werden müssen, damit der Patient bei Ihnen leben kann. Falls dieser zum Zeitpunkt der Entlassung noch auf den Rollstuhl angewiesen sein sollte, müßten unter Umständen bauliche Veränderungen an Treppen, Bad oder Toilette vorgenommen werden.

Die erste Stufe der Entlassung besteht meist in einem Tagesbesuch des Patienten bei seinen Angehörigen. Hierzu können Sie ihn entweder selber abholen oder einen Krankenwagen bestellen. Falls dieser Aufenthalt ohne größere Schwierigkeiten verläuft, kann ein Wochenendurlaub vereinbart werden. Anschließend sollten die aufgetretenen Probleme besprochen werden. Können sie gelöst werden, steht der endgültigen Entlassung aus dem Krankenhaus nichts mehr im Wege.

Die drei Stufen der Entlassung aus dem Krankenhaus

Tagesbesuch.
Wochenendurlaub.
Entlassung.

Vereinbaren Sie eine Unterredung mit dem behandelnden Arzt, bevor Ihr Angehöriger das Krankenhaus verläßt. Notieren Sie sich vorher alles, was Sie mit ihm besprechen wollen, und denken Sie daran, daß er einen vollen Terminkalender hat oder mitten aus dem Gespräch heraus zu einem unvorhergesehenen Notfall gerufen werden kann. Vereinbaren Sie daher diese Unterredung rechtzeitig, damit Sie gegebenenfalls vor der Entlassung Ihres Angehörigen noch einen Ersatztermin vereinbaren können.

Sie sollten den Arzt unter anderem unbedingt fragen, welche Medikamente der Patient einnehmen muß, an wen Sie sich wenden können, falls ein neues Rezept benötigt wird, oder wer darüber entscheidet, wann Medikamente abgesetzt werden können. Auch werden Sie wissen wollen, wann und wo die Nachuntersuchungen durchgeführt werden. Erkundigen Sie sich gegebenenfalls darüber, welche Formalitäten noch zu erledigen sind, falls der Patient in ein Rehabilitationszentrum verlegt werden soll.

Sollten Sie Ihren Angehörigen zu Hause versorgen, müssen Sie sich darum kümmern, daß die Termine für eine eventuelle ambulante Behandlung eingehalten werden. Auf alle Fälle sollten Sie sich Namen und Telefonnummer der für die Rehabilitation verantwortlichen Person besorgen.

In manchen Städten gibt es Selbsthilfegruppen für Angehörige und Betreuer von Schädel-Hirn-Verletzten. Hier können Sie sich mit Menschen austauschen, die vergleichbare Erfahrungen gemacht haben. Nehmen Sie, wenn möglich, noch bevor der Patient das Krankenhaus verläßt, Kontakt zu einer solchen Gruppe auf. Denn wenn es so weit ist, sollten Sie jede nur denkbare Form der Unterstützung in Anspruch nehmen. Informieren Sie sich ebenfalls vor der Entlassung des Patienten bei Ihrem Sozialarbeiter oder der Krankenkasse über praktische Hilfen. (In manchen Ländern beispielsweise können Sie, sollte es noch Probleme mit dem Einnässen geben, Bettzeug und Nachtwäsche durch den Krankenhaus-Nachsorgedienst gestellt und gewaschen bekommen).

Während des Krankenhausaufenthalts Ihres Angehörigen haben Sie vermutlich den engsten Kontakt zu Therapeuten und Sozialarbeitern. Erklären

Sie ihnen genau Ihre Situation. Einige Versicherungen bezahlen Ihnen zum Beispiel Ihren Lohnausfall, wenn Sie zur Versorgung Ihres Angehörigen unbezahlten Urlaub nehmen müssen. Ihr Sozialarbeiter kann Sie auch über andere Möglichkeiten der Unterstützung informieren. Seien Sie nicht zu stolz, derartige Angebote in Anspruch zu nehmen. Geld kann zwar die Auswirkungen eines Unfalls nicht beseitigen, aber es ermöglicht Ihnen, sich arbeitserleichternde Hilfen zu leisten, anstatt unnötige Kraft darauf zu verschwenden, mit dem reduzierten Einkommen auszukommen.

Lassen Sie sich zeigen, wie Sie ihren Angehörigen und seinen Rollstuhl in Ihrem Auto unterbringen können, solange er noch nicht gehen kann. Sollten Sie selbst nicht im Besitz eines Fahrzeugs sein, müssen Sie in Erfahrung bringen, wie der Patient zur ambulanten Behandlung ins Krankenhaus gelangen kann, und wer die Kosten hierfür trägt. Auch bei relativ kurzen Anfahrtswegen können beträchtliche Kosten entstehen, wenn ein derartiger Transport vier bis fünf Tage in der Woche und über Monate hinweg erforderlich ist. In diesem Fall sollten Sie sich bei Ihrem Sozialarbeiter erkundigen, ob Sie diese Auslagen erstattet bekommen.

Vor der Entlassung nach Hause

Haben Sie geklärt:
Welche Medikamente verschrieben wurden?
Ob die Behandlung ambulant fortgesetzt wird?
Wer für die Rehabilitation zuständig ist?
Welche Selbsthilfegruppe für Sie in Frage kommt?
Welche finanzielle Unterstützung Ihnen zusteht?
Welche praktische Hilfe es gibt?

Rehabilitation

Für die meisten Familien ist Rehabilitation ein magisches Wort. Wenn doch nur ihr Angehöriger oder Freund in einem Rehabilitationszentrum behandelt werden könnte. Wenn er doch nur jeden Tag krankengymnastische Übungen machen oder bald mit der Sprachtherapie beginnen könnte, dann wären alle Probleme gelöst. Es ist verführerisch, aber falsch, statt der Kopfverletzung den Mangel an Rehabilitationseinrichtungen für den Zustand eines Schädel-Hirn-Verletzten verantwortlich zu machen. Man muß sich ganz realistisch vor Augen führen, was im Einzelfall machbar ist und was nicht.

Gehirnzellen, die – beispielsweise durch einen Unfall – zerstört wurden, können nicht nachgebildet werden. Das ist nicht ganz so schlimm, wie es sich anhört, da die meisten von uns über Millionen ungenutzter Gehirnzellen verfügen. Es gibt mehrere Theorien darüber, weshalb sich Patienten nach einem Schädel-Hirn-Trauma einigermaßen erholen können. Eine davon besagt, daß neue Pfade innerhalb des Gehirns gebildet werden können, wobei bislang ungenutzte „Ersatzzellen" die Aufgaben der zerstörten Gehirnzellen übernehmen können. Diese neuen Pfade können nur gebildet werden, indem der Patient die durch den Unfall gestörten Handlungsabläufe wieder und wieder übt. Die ständige Wiederholung ist die Grundlage der meisten Rehabilitationstechniken.

Das Rehabilitationsteam

In der modernen Rehabilitation liegt die Betonung auf der interdisziplinären Teamarbeit. Das bedeutet, alle Teammitglieder arbeiten an dem gemeinsamen Ziel, daß der Patient wieder am alltäglichen Leben teilnehmen kann. Dabei ist es nicht nur erlaubt, sondern das ausgesprochene Ziel, daß die Mitglieder der einzelnen Berufsgruppen fachübergreifend arbeiten. Die folgende Aufzählung der einzelnen Berufsgruppen stellt in diesem Sinne nur eine Beschreibung der jeweiligen Spezialausbildungen dar.

Je nachdem, welcher Art die Verletzungen sind, die Ihr Angehöriger erlitten hat, wird er mit einigen oder allen der im folgenden genannten Therapeuten zu tun haben:

Krankengymnasten (Physiotherapeuten)
Ziel der Krankengymnasten ist es, den Patienten zu helfen, die Arm-, Bein-, Nacken- und Rumpfmuskulatur wieder zu gebrauchen. Sie sollen lernen, zu sitzen und zu stehen, ohne das Gleichgewicht zu verlieren, sowie ihren Bewegungsablauf zu koordinieren. Die Übungen zielen beispielsweise auf die Beweglichkeit der Beine, damit der Patient eines Tages wieder gehen kann, oder die Feinmotorik der Hand, damit er wieder zu schreiben vermag.

Ergotherapeuten
Der Ergotherapeut hilft den Patienten, alltägliche Verrichtungen wieder ausführen zu können. Er übt mit ihnen die für die Körperpflege und das Ankleiden erforderlichen Handgriffe ein und bringt ihnen nahe, wie sie ihren Haushalt planen und ihre Finanzen verwalten können. Er zeigt ihnen auch, wie spezielle Hilfsmittel zu benutzen sind, damit sie trotz schwerer körperlicher Beeinträchtigungen so unabhängig wie möglich leben können.

Sprachtherapeuten (Logopäden)
Ziel des Sprach- und Sprechtherapeuten ist es, den Patienten die Kommunikation mit anderen Menschen wieder zu ermöglichen, und zwar in Wort und Schrift. Dazu werden Lese- und Schreibübungen durchgeführt, aber auch solche zur Verbesserung des Sprachverständnisses und der Merkfähigkeit.

Neuropsychologen

Der Neuropsychologe richtet sein besonderes Augenmerk auf die geistigen (kognitiven) Fähigkeiten wie Gedächtnis, Wahrnehmung und Verstehen, die wichtig sind, um sich Wissen anzueignen. Er will herausfinden, welche Fertigkeiten beim Patienten nach einer Verletzung erhalten und welche in wie weit beeinträchtigt sind. Bei Gedächtnisschwierigkeiten beispielsweise ist zu klären, ob die Probleme ihre Ursache darin haben, daß sich der Patient keine Wörter merken kann, also die Speicherung nicht funktioniert, oder ob er die einmal gespeicherten Wörter nicht mehr abrufen kann. Man will also klären, welcher Vorgang geübt werden muß. Durch regelmäßige Arbeit mit dem Neuropsychologen während der Rehabilitation soll der Patient verlorengegangene Fertigkeiten wiedererlangen. Das kognitive Training in den einzelnen Rehabilitationszentren kann durch den Neuropsychologen, den Ergotherapeuten oder auch den Sprachtherapeuten durchgeführt werden. In jedem Fall geht es darum, die verlorengegangenen oder beeinträchtigten Fähigkeiten wiederzuerlangen, was zum Teil dadurch geschieht, daß man dem Patienten beibringt, die verbliebenen Fertigkeiten besser zu nutzen.

Sozialarbeiter – Sozialpädagogen

Sozialarbeiter sollen den betroffenen Familien praktische Hilfe leisten. Aufgrund ihrer Kenntnisse über staatliche und kommunale Einrichtungen können sie dabei behilflich sein, nach der Entlassung aus dem Krankenhaus eine passende Unterkunft für den Patienten zu finden. Häufig stehen Sozialarbeiter auch mit Selbsthilfegruppen für Patienten oder deren Angehörige in Kontakt.

Klinische Psychologen

Der klinische Psychologe hilft sowohl dem Patienten als auch seinen Angehörigen, mit den Veränderungen fertig zu werden, die der Unfall mit sich gebracht hat. Er kann auch beraten, wenn das Verhalten des Patienten Probleme heraufbeschwört.

Case Manager

Einige Unfallversicherungen beschäftigen einen Case Manager („Fallbearbeiter"; manchmal auch Berufshelfer), der als Koordinator für die verschiedenen Versorgungsleistungen auftritt. Dieser ist manchmal so lange mit einem Fall betraut, bis sich der Patient entweder vollständig erholt hat, oder bis dessen Zustand ein sogenanntes Plateau erreicht hat, also keine nennenswerte Verbesserung seines Gesundheitszustandes mehr zu erwarten ist.

Das Rehabilitationsteam

Krankengymnast (Physiotherapeut).
Ergotherapeut.
Sprachtherapeut (Logopäde).
Neuropsychologe.
Therapeut für das kognitve Training.
Sozialarbeiter (Sozialpädagoge).
Klinischer Psychologe.
Case Manager.

Was können Sie von der Rehabilitation erwarten?

Während der Rehabilitation sollen Menschen, die ein Schädel-Hirn-Trauma erlitten haben, soweit wie möglich genesen. Es gibt Patienten, die nach der Behandlung wieder all das tun können, was sie vor dem Unfall getan haben. Es gibt aber auch Patienten, die selbst Jahre nach dem Unfall zu nichts anderem fähig sind, als selbständig zu atmen. Bei diesen Menschen ist ein großer Rehabilitationsaufwand vonnöten, um auch nur die kleinste Verbesserung ihres Zustands zu bewirken; ihre Chance auf Genesung ist gering.

In den meisten Fällen ist es schwierig, das Genesungspotential zu bemessen oder festzulegen. Natürlich können wir häufig eine „teilweise Genesung" verzeichnen, die angibt, wie weit sich ein Patient in einem genau festgelegten Zeitabschnitt nach seinem Unfall erholt hat. Wenn aber nun der Patient von einem Zeitraum zum anderen keine Fortschritte mehr gemacht hat, ist dies dann gleichbedeutend damit, daß er sein Genesungspotential ausgeschöpft hat? Wird sein Zustand von nun an unverändert bleiben? Nicht unbedingt. Es ist aber ein Anzeichen dafür, daß der Patient eine Stufe der Genesung erreicht hat, auf welcher der Aufwand für seine Rehabilitation in keinem vertretbaren Verhältnis zu den erzielten Fortschritten mehr steht. Daher werden die Therapeuten Ihnen an diesem Punkt vermutlich nahelegen, die Zahl der Therapiestunden zu verringern, beziehungsweise eine drei- bis sechsmonatige Behandlungspause einzulegen, auch weil das Rehabilitationsteam seine Zeit und Kraft auf diejenigen Patienten konzentrieren muß, bei denen Fortschritte wahrscheinlicher sind. Dies zu akzeptieren, fällt den Angehörigen oft sehr schwer. Sie müssen jedoch bedenken, daß ein wesentliches Kriterium für eine intensive Weiterbehandlung nach einer neurologischen Schädigung in raschen Fortschritten unmittelbar nach der Verletzung besteht. Denn später sind ohnehin nur noch, wenn überhaupt, wesentlich langsamere Fortschritte zu verzeichnen. Aus diesem Grunde bedeutet eine Behandlungspause nicht zwangsläufig das Ende der Rehabilitation für Ihren Angehörigen. Verständigen Sie sich mit dem Rehabilitationsteam über einen festen Termin, an dem mögliche weitere Fortschritte gemessen werden und an dem die Entscheidung, die Behandlung zu reduzieren, nochmals überdacht werden kann.

Wunderheilungen als Alternative?

Sobald sich keine weiteren Verbesserungen mehr einstellen wollen, beginnt nicht selten die Suche nach Wunderheilungen, in dem unerschütterlichen Glauben, es gäbe doch noch Behandlungsmöglichkeiten für den Patienten, mit deren Hilfe sich alle Probleme lösen lassen. Für gewöhnlich finden solche Wunderheilungen in fernen Ländern statt; häufig finden sich Berichte darüber in der Regenbogenpresse. Da die dort in Aussicht gestellten Therapieformen von der Rehabilitationsmedizin nicht anerkannt sind, und Ihre Versicherung daher nicht dafür aufkommt, sind sie zumeist mit erheblichen Ausgaben verbunden, die für Sie und Ihre Familie beträchtliche Opfer bedeuten können. Außerdem würden Sie sich für einen eventuellen Mißerfolg dieser Behandlung verantwortlich fühlen. Die meisten Angehörigen fühlen sich ohnehin in irgendeiner Weise an dem Unfall mitschuldig, auch wenn dies objektiv betrachtet durch nichts begründet sein mag. Es wäre tragisch, wenn zu diesen ohnehin bestehenden Schuldgefühlen noch weitere hinzukämen.

Natürlich ist eine Behandlungsmethode nicht notwendigerweise sinnlos oder ineffektiv, nur weil sie unorthodox, kostspielig oder zeitaufwendig ist; allerdings gibt es auch keine Gewähr dafür, daß sie hilft. Bevor Sie einen derartigen Versuch unternehmen, sollten Sie die Angelegenheit mit dem Koordinator des Rehabilitationsprogramms besprechen. Versuchen Sie herauszufinden, ob die Wunderkur irgendetwas anbietet, was in einem konventionellen Programm nicht enthalten ist. Unter Umständen ist es möglich, unter Mitwirkung derjenigen Therapeuten, an die der Patient gewöhnt ist, neue Übungen zu Hause auszuprobieren. Auf diese Weise können Sie sich möglicherweise die mit einer Reise an einen fernen Ort verbundenen Kosten und Mühen ersparen. Oftmals besteht der einzige Unterschied in der Anzahl der Therapiestunden. Wenn Sie bedenken, daß eines der Hauptprobleme des Patienten in der schnelleren Ermüdbarkeit besteht, bedeutet ein erhöhter Zeitaufwand nicht unbedingt bessere Resultate. Möglicherweise bewirkt die zusätzliche Behandlung lediglich eine zusätzliche Ermüdung des ohnehin schon angestrengten Gehirns.

Vielleicht hilft Ihnen bei der Entscheidung, ob ein neues Behandlungsprogramm ausprobiert werden soll, auch ein Gespräch mit Ihrem Hausarzt, der Sie auf eventuelle negative Auswirkungen hinweisen kann. Auch in Ihrer Selbsthilfegruppe sollten Sie sich umhören, vielleicht haben andere Familien ja bereits Erfahrungen mit der von Ihnen ins Auge gefaßten Kur gemacht, von denen Sie profitieren könnten. Vor allem aber sollten Sie sich niemals ohne Bedenkzeit für eine neue Behandlungsform oder ein neues Behandlungszentrum entscheiden. Tragen Sie zunächst alle verfügbaren Informationen zusammen, und lassen Sie sich möglichst von Leuten beraten, die aus Ihrer Entscheidung keinerlei Gewinn ziehen können und kein persönliches Interesse an der betreffenden Behandlungsmethode haben. Erst wenn Ihnen alle Informationen vorliegen, sollten Sie Ihre Entscheidung treffen.

Rehabilitation im ländlichen Raum

Wir haben bereits über den Mangel an geeigneten Rehabilitationszentren gesprochen und darauf hingewiesen, daß es sich hierbei um ein weltweites Problem handelt. Besonders schwierig wird es, wenn Sie nicht in der Großstadt leben. Selbst ein gut ausgebautes und leistungsfähiges Gesundheitswesen ist nicht in der Lage, in jeder mittleren oder kleinen Gemeinde ein Rehabilitationszentrum einzurichten. Was können Sie also tun, wenn Sie auf dem Land leben?

Zunächst werden Sie vermutlich in Erwägung ziehen, in eine größere Stadt zu ziehen, in der Ihr Angehöriger die erforderliche Hilfe erhält. Diese Entscheidung hängt natürlich im wesentlichen von Ihren familiären Umständen ab. Auf keinen Fall jedoch sollten Sie sich zu einem übereilten Vorgehen verleiten lassen. Besprechen Sie sich vorher mit den übrigen Familienmitgliedern, denn es gilt, nicht nur das Wohl des Schädel-Hirn-Verletzten zu berücksichtigen. Außerdem sollten Sie mit dem zuständigen Sozialarbeiter über eventuelle Alternativen reden. Vielleicht läßt sich eine anderweitige Unterbringungsmöglichkeit für den Patienten finden oder ein Rehabilitationsprogramm zusammenstellen, das zu Hause durchgeführt werden kann.

Sollten Sie ein solches Rehabilitationsprogramm durchführen wollen, so benötigen Sie zunächst eingehende Informationen und praktische Ratschläge. Dieses Buch wurde unter anderem geschrieben, um auch denjenigen, die niemanden kennen, mit dem sie sich über Schädel-Hirn-Verletzungen unterhalten können, die nötigen Informationen zu vermitteln. Da jedoch ein Buch keinen Ersatz für den Gedankenaustausch mit anderen Menschen bieten kann, sollten Sie persönliche Kontakte aufbauen, beispielsweise zu jemandem, der Ihren Angehörigen gleich nach dem Unfall im Krankenhaus betreut hat. Außerdem sollten Sie unbedingt an wenigstens einer Sitzung einer Selbsthilfegruppe teilnehmen, bevor Sie den Patienten mit nach Hause nehmen. Auf diese Weise haben Sie die Möglichkeit, ein Netz sozialer Beziehungen aufzubauen, und brieflich oder telefonisch Kontakt zu anderen Menschen aufzunehmen, wenn Sie einmal das Bedürfnis haben, sich Ihre Sorgen und Probleme von der Seele zu reden oder zu schreiben. Schließlich ist es ganz wichtig, daß der für Sie zuständige Sozialarbeiter in Erfahrung bringt, ob Sie als Bewohner weniger dicht besiedelter Gebiete gegebenenfalls zusätzliche Hilfe in Anspruch nehmen können.

Fallgeschichten

Michael

Michaels Eltern waren glücklich, als Sie die Nachricht erhielten, ihr Sohn habe sich so weit erholt, daß er nach Hause zurückkehren könne. Sein Vater teilte die Ansicht, daß es das Beste für Michael sei, bei seiner Mutter zu leben. Michael selbst stimmte zwar auch zu, betrachtete diese Regelung jedoch als reine Übergangslösung, bis er sein Universitätsstudium fortsetzen und in seine eigene Wohnung zurückkehren konnte.

Die ersten Wochen verliefen relativ gut. Einen großen Teil des Tages schlief Michael, und seine Mutter konnte diese Zeit nutzen, um Hausarbeiten zu erledigen und die Mahlzeiten zuzubereiten. Denn wenn Michael wach war, nahm er sie stark in Anspruch. Sobald seine Mutter das Zimmer verließ, zeigte er sich sehr aufgebracht und folgte ihr, wohin sie auch ging. Er war vergeßlich und wurde zornig, wenn er nicht finden konnte, was er gerade brauchte. Offensichtlich las er nicht mehr so gerne wie früher, und seine Mutter stellte fest, daß er am liebsten Karten oder Schach mit ihr spielte.

Anfangs kamen Verwandte und Bekannte häufig zu Besuch, um ihn bei Laune zu halten. Manche kamen ganz gut mit ihm klar und merkten rechtzeitig, wann es ihm zuviel wurde. Seinem Vater gelang dies weniger gut. Er reagierte unbeholfen und verärgert, wenn Michael ungehalten wurde, und konnte nicht verstehen, daß Michaels Gedächtnis schlecht war und er sich manchmal recht kindisch verhielt. Seine Besuche wurden immer seltener, bis er schließlich überhaupt nicht mehr kam. Seine Art der Problembewältigung bestand darin, Michael aus dem Weg zu gehen, und sich nicht mit den Veränderungen, die der Unfall mit sich gebracht hatte, auseinanderzusetzen.

Katrin

Drei Tage nach dem Unfall waren Katrins erste Worte, sie wolle nach Hause. Immer zum Ende der Besuchszeit, wenn ihre Eltern die Station verlassen mußten, brach sie in heftiges Weinen aus und flehte herzzerreißend. „Bitte, bitte, Mami, laß mich nicht alleine. Bitte, Papi, nimm mich mit nach Hause." Das war sowohl für die Pflegekräfte als auch für die Eltern eine erhebliche nervliche Belastung. Sobald aus medizinischer Sicht keine Bedenken mehr bestanden, durfte Katrin für ein Wochenende nach Hause. Dieser Wochenendurlaub bedeutete praktisch die endgültige Entlassung, da sich Katrin am Sonntagabend derartig heftig dagegen sträubte, wieder ins Krankenhaus zurückzukehren, daß ihre Mutter schließlich nachgab. So wurde Katrin zur ambulanten Patientin, obwohl sie noch gelegentlich einnäßte, obwohl sie sich noch an ihrem Essen verschluckte, und obwohl sie immer noch unaufhörlich dieselben Fragen stellte, da ihr Gedächtnis noch nicht wieder richtig funktionierte.

Katrins Mutter, eine examinierte Krankenschwester, konnte sich für drei Monate beurlauben lassen. Während dieser Zeit kam die Familie mit den Belastungen ganz gut zurecht. Es ließ sich so einrichten, daß die anderen Familienmitglieder bereits auf dem Weg zur Arbeit oder zur Schule waren, wenn Katrin aufwachte. Auf diese Weise hatte ihre Mutter genügend Zeit, sie zu waschen, anzuziehen, zu füttern und sie zweimal pro Woche zur ambulanten pädiatrischen Behandlung zu bringen.

Außerdem konnte sie Katrin selbst unterrichten, bevor die Kinder aus der Schule heimkamen. Sie war froh darüber, daß Katrin ihr Lieblingsspiel *Monopoly* genauso gerne spielte wie vor dem Unfall. Merkwürdigerweise wollte Katrin keine Puzzlespiele mehr machen, was vorher ebenfalls eine ihrer Lieblingsbeschäftigungen gewesen war. Und über die Malbücher und Rätselhefte, die sie geschenkt bekam, freute Katrin sich auch nicht mehr. Früher war das ganz anders gewesen. Katrins Mutter legte wachsenden Wert darauf, daß sich ihre Tochter körperlich betätigte, da sie den Eindruck hatte, daß Bewegung, insbesondere wandern, schwimmen und reiten, ihr außerordentlich gut taten.

Die drei Monate vergingen rasch, und Katrins Mutter sah sich vor die Entscheidung gestellt, entweder an ihren Arbeitsplatz zurückzukehren oder aber ihre Stellung aufzugeben. Als Krankenschwester wußte sie um die Schwere der Entscheidung, daher holte sie sich bei verschiedenen Beratungsstellen Rat und Informationen. Die Entscheidung allerdings, ob sie ihre Zeit ausschließlich Katrin widmen oder ihre Berufstätigkeit fortsetzen sollte, mußte sie jedoch alleine treffen. Sie entschied sich für letzteres, mit der vernünftigen und durchaus plausiblen Begründung, daß ihr Einkommen für die Rückzahlung des Bauspardarlehens für ihr Eigenheim gebraucht wurde, und sie nicht nur Katrins Belange, sondern auch die ihrer anderen Kinder zu berücksichtigen habe.

Um die Frage zu klären, wie sich Katrins Pflege organisieren ließe, wenn ihre Mutter wieder arbeiten ginge, wurde eine gemeinsame Besprechung zwischen Familie und Rehabilitationsteam anberaumt. Katrins Vater blieb diesem Gespräch allerdings fern. Er hatte nach wie vor Schwierigkeiten, die durch den Unfall bei seiner Lieblingstochter eingetretenen Veränderungen hinzunehmen. Er verdrängte alles, was mit diesem Unfall zusammenhing. Das Gespräch fand also ohne ihn statt, und man verständigte sich darauf,

Katrin an fünf Tagen pro Woche im Rehabilitationszentrum zu therapieren. Der Sozialarbeiter vermittelte ein Kindermädchen, das jeden Nachmittag eine Stunde auf Katrin aufpaßte, bis ihre Eltern von der Arbeit heimkamen. Katrins Mutter hatte es so einrichten können, daß sie nur noch im Tagdienst arbeiten mußte, so daß ihre Arbeitszeit sich nicht mit Katrins Behandlungen im Rehabilitationszentrum überschnitt. Damit war eine für alle Seiten zufriedenstellende Lösung gefunden, und sogar Katrin freute sich. Sie war keineswegs unglücklich darüber, daß ihr nun nicht mehr die ungeteilte Aufmerksamkeit ihrer Mutter gehörte.

Leider traten bei der Umsetzung dieses Planes in die Praxis Probleme auf. Für Katrin war das umfangreiche Wochenprogramm sehr anstrengend, und obgleich ihr der Therapeut zwei statt, wie sonst üblich, einer Ruhepause während des Tages zugestand, in der sie sich schlafen legen konnte, war sie am Freitag erschöpft und entsprechend schwierig im Umgang. Als das Kindermädchen nach einiger Zeit in eine andere Stadt zog, hatte der Sozialarbeiter große Schwierigkeiten, einen geeigneten Ersatz zu finden. Die Wahl fiel schließlich auf eine Frau, die jedoch nicht richtig auf Katrins Bedürfnisse eingehen konnte, so daß es zu ständigen Spannungen zwischen den beiden kam. Erschwerend kam hinzu, daß Katrins Mutter, immer weniger Zeit für die Familie hatte und aufgrund ihres arbeitsreichen Alltags immer mehr an Energie einbüßte.

Arnold

Als Arnold einen Tag nach seinem Unfall aus der Bewußtlosigkeit erwachte, machte er sich große Sorgen um seine berufliche Zukunft und drängte darauf, das Krankenhaus möglichst bald wieder verlassen zu können. Da er augenscheinlich immer noch etwas verwirrt und ziemlich unsicher auf den Beinen war, hatten die Ärzte Bedenken, ihn ohne Betreuung nach Hause zu entlassen. Seine 21jährige Tochter nahm sich schließlich eine Woche Urlaub, um ihn bei sich zu Hause zu versorgen. Solange sie da war, kam Arnold ganz gut zurecht. Sie führte die nötigen Telefonate für ihn, besorgte jemanden, der ihn in seinem Restaurant vertrat, und paßte auf, daß sich ihr Vater nicht überanstrengte.

Arnolds Probleme begannen, als der Urlaub seiner Tochter vorüber war. Er war zu der Einsicht gelangt, es alleine schaffen zu können, da er sich entspannt und stressfrei gefühlt hatte, solange seine Tochter ihm alle Belastungen abgenommen hatte. Als er jedoch ganz auf sich alleine gestellt war, begannen die Schwierigkeiten. Entweder vergaß er, wichtige Telefongespräche zu führen, oder er rief jemanden an und konnte sich dann nicht mehr daran erinnern, was er hatte sagen wollen. Er bestand darauf, die Buchhaltung seines Restaurants selbst zu prüfen, machte dabei aber einen ausgesprochen verwirrten Eindruck und trat so ungehalten und aggressiv auf, daß sein Koch ihm mit Kündigung drohte. Als seine Freundin ihn zum Essen abholen wollte, war sie überaus verunsichert, weil er die Verabredung völlig vergessen hatte. Dies wiederum verstörte Arnold, und er brach in Tränen aus, was ganz und gar untypisch für ihn war.

Solche unangenehmen Szenen häuften sich. Es gab zwar keinen Grund für eine Rückverlegung ins Krankenhaus, aber zu Hause war er offensichtlich überfordert. Er war zu stolz, seine Tochter ein weiteres Mal um Unterstützung zu bitten, und in der Beziehung zu seiner Freundin fühlte er sich zu unsicher, als daß er ihr Angebot, zu ihm zu ziehen, hätte annehmen können.

5. Nachwirkungen von Kopfverletzungen

Bei den im Krankenhaus geführten Gesprächen über die Zukunft Ihres Angehörigen fielen sicher häufig Begriffe wie Hirnverletzung oder Schädel-Hirn-Trauma. Die Nachwirkungen eines Unfalls hängen also offensichtlich in allererster Linie vom Ausmaß des erlittenen Hirnschadens ab, ein Wort, das bei den meisten Menschen Ängste weckt. Sicherlich haben Sie mit großer Erleichterung die enormen Fortschritte registriert, die der Patient bis zu seiner Entlassung aus dem Krankenhaus gemacht hat, und Sie können zu Recht davon ausgehen, daß sich dieser Genesungsprozeß fortsetzen wird. Allerdings müssen Sie sich darüber im klaren sein, daß auch nach der Entlassung aus dem Krankenhaus noch viele Probleme auf Sie zukommen werden. Wenn Sie sich rechtzeitig darauf eingestellt haben, wird Ihnen deren Bewältigung leichter fallen.

In diesem Kapitel beschreiben und erläutern wir die auftretenden Probleme und geben Ihnen Ratschläge, wie Sie damit umgehen können. Bei fast jedem Kopfverletzten treten solche Schwierigkeiten auf, wenngleich in individueller Ausprägung. Erst in Kapitel 6 geht es um solche Komplikationen, die nur bei einem Teil der Betroffenen auftreten.

Ermüdbarkeit

Rasche Ermüdbarkeit ist ohne Zweifel eine der nachhaltigsten Beeinträchtigungen durch eine Kopfverletzung, weil sie sich auf alle Lebensbereiche auswirkt. Der Patient wird feststellen, daß er wesentlich schneller ermüdet als früher, ganz gleich, ob er sich zu konzentrieren versucht, Sport treibt oder sich mit anderen Menschen unterhält. Selbst Tätigkeiten, die normalerweise der Entspannung dienen, wie etwa das Fernsehen, strengen ihn an. Die Gründe dafür sind bis jetzt noch nicht völlig geklärt. Vermutlich sind diese Ermüdungserscheinungen aber darauf zurückzuführen, daß durch den Unfall jener Teil des Gehirns in Mitleidenschaft gezogen wurde, der den Wach- und Schlafrhythmus steuert. Wenn man bedenkt, daß die erste Auswirkung einer Kopfverletzung, nämlich das Koma, eine Art Tiefschlaf ist, erscheint dies durchaus plausibel.

Ein gesunder Mensch fühlt sich, wenn er ausgeschlafen hat, frisch und munter und kann den ganzen Tag hindurch arbeiten, ehe er müde wird. Mit dem Wort Müdigkeit bezeichnen wir eine gewisse Erschöpfung; wenn jemand ungeachtet dieser Erschöpfung weiterarbeitet, wird er unaufmerksam, und die Qualität seiner Arbeit läßt nach. Schließlich macht er trotz aller Anstrengungen so viele Fehler, daß er sich bald unbehaglich fühlt und die Arbeit abbrechen muß. Wenn er die Nacht über gut geschlafen hat, fühlt er sich wieder frisch, und er kann sich erneut seiner Arbeit widmen. Man könnte sagen, man beginnt den Tag mit einem bestimmten Quantum an Energie und kann dann solange arbeiten, bis dieses erschöpft ist; dann wird man müde und unkonzentriert, und man muß seine Leistungsfähigkeit durch den Nachtschlaf regenerieren.

Auch ein Mensch mit einem Schädel-Hirn-Trauma kann sich frisch und munter fühlen, wenn er aufwacht. Doch schon nach kurzer Zeit, manchmal nach nicht einmal ein bis zwei Stunden, kommt ein Gefühl der Müdigkeit auf. Wesentlich schneller als bei einem gesunden Menschen läßt seine Leistungsfähigkeit nach, so daß er sich ausruhen oder schlafen muß. Aber selbst nach einer erholsamen Nachtruhe fühlt er sich unter Umständen wenig ausgeruht. Offenbar beginnt er seinen Tag bereits mit sehr viel weniger Energie als gesunde Menschen; außerdem ist diese Energie schneller verbraucht, und Ruhepausen reichen zur Erholung nicht mehr aus. Auf diese Weise besteht auch am nächsten Tag noch ein Energiedefizit, so daß sich die genannten Symptome immer früher zeigen.

Daneben sind weitere Störungen im Wach- und Schlafverhalten zu beobachten. Offensichtlich sind die Tiefschlafphasen eines Schädel-Hirn-Verletzten weniger lang und dadurch weniger erholsam als bei gesunden Menschen, was Auswirkungen auf die Qualität der Träume hat; es kommt entweder zu Alpträumen, oder die Traumphase entfällt ganz.

> Wenn Ihr kopfverletzter Freund sagt, er sei zu müde, um mit Ihnen auszugehen, dann trifft dies sicherlich zu.

Einem Hirnverletzten kann es Probleme bereiten, sich in solchen Situationen richtig zu verhalten. Da wir alle in dem Glauben erzogen worden sind, wir könnten mehr leisten, wenn wir uns nur mehr anstrengen würden, reagiert ein Schädel-Hirn-Verletzter auf Müdigkeit zumeist mit einer gesteigerter Willensanstrengung, und dies bedeutet vielfach einen Teufelskreis.

Die Betreuer eines Schädel-Hirn-Verletzten sollten daher darauf achten, daß der Patient mit seinen Kräften haushält. Nur so kann er die ihm verbliebene Leistungsfähigkeit optimal nutzen. Übungszeiten müssen daher so geplant werden, daß energieaufwendige Therapiestunden sich mit Ruhephasen abwechseln, die dem Patienten sozusagen die Gelegenheit geben sollen, seine Batterien wieder aufzuladen. Die Angehörigen ihrerseits müssen dafür Sorge tragen, daß sich der Hirnverletzte in Alltag und Freizeit nicht überanstrengt. Doch der Patient wird Sie in aller Regel nicht von seiner Müdigkeit unterrichten, indem er beispielsweise den Wunsch äußert, sich hinlegen oder hinsetzen zu wollen. Sie können seine Ermüdung aber häufig daran erkennen, daß er unruhig, unkonzentriert, fahrig oder aber extrem redselig wird. Möglicherweise wirkt er aufgedreht, er lacht grundlos oder streitet, so daß nicht mehr vernünftig mit ihm zu reden ist. Er könnte sich aber auch zurückziehen und sich weigern, überhaupt etwas zu sagen. In jedem Falle wird er seine Müdigkeit leugnen, und sei sie noch so offensichtlich.

In einer solchen Situation ist der Patient schwer davon zu überzeugen, das für ihn einzig Richtige zu tun, nämlich sich auszuruhen. Daher müssen die Betreuer von Beginn an darauf achten, daß er sich nicht überanstrengt. Sie müssen in der Lage sein, ihn zum Ausruhen zu bewegen, bevor er sich völlig verausgabt hat. Häufig gibt es eindeutige Signale, die darauf hinweisen, daß seine Energien verbraucht sind, und er im Begriff ist, sich zu überanstrengen. Dazu zählen unter anderem eine ungewöhnliche Blässe, ein erregter, angespannter Gesichtsausdruck oder ein glasiger Blick.

Wenn Sie in der Lage sind, Anzeichen von Müdigkeit rechtzeitig bei Ihrem Angehörigen zu erkennen, dann können Sie ihn vielleicht dazu bewegen, mit seinen Energien hauszuhalten und etwas weniger Anstrengendes zu tun. Nur so können Sie das Problem der Überanstrengung in den Griff bekommen. Darüber hinaus sollten Sie wohlmeinende Freunde von ihm fernhalten, die den Grund für seine Müdigkeit nicht verstehen wollen. Wenn Sie zum Beispiel wissen, der Patient kann die Kraft und die Konzentration nicht aufbringen, einen Videofilm anzusehen, dann sollten Sie nicht zulassen, daß seine Bekannten ihn dazu überreden. Ein weiterer wichtiger Aspekt ist der Erfahrungsaustausch mit den Therapeuten, die erfahren sollten, welche Tätigkeiten den Patienten besonders ermüden, um therapeutisch darauf reagieren zu können.

Auch wenn die Ermüdungserscheinungen der frühen Genesungsphase vorüber sind, darf der Kopfverletzte seine Leistungsfähigkeit nicht überschätzen. Bei besonders kraftraubenden Tätigkeiten müssen Ruhephasen eingeplant werden. Es ist außerdem zu bedenken, daß die Erholung von solchen Anstrengungen zwei bis drei Tage dauern kann.

Umgang mit der Ermüdbarkeit

Achten Sie auf Anzeichen von Müdigkeit.
Sorgen Sie für regelmäßige Ruhepausen, besonders nach anstrengenden Aktivitäten.
Informieren Sie Freunde und Bekannte über dieses Problem.
Teilen Sie Ihre Erfahrungen den Therapeuten mit.

Konzentrations- und Aufmerksamkeitsstörungen

Konzentrationsstörungen stehen in engem Zusammenhang mit der Müdigkeit des Patienten und haben vermutlich auch die gleiche Ursache. Folgende Aspekte der Konzentrationsfähigkeit können beeinträchtigt sein.

Zielgerichtete Aufmerksamkeit

Eine Form der Konzentrationsstörung besteht darin, daß der Betroffene seine Aufmerksamkeit nicht auf eine bestimmte Sache richten kann. So gelingt es ihm unter Umständen nicht, während einer Therapiestunde eine Übung auszuführen, und dabei das, was im Raum um ihn herum vor sich geht, zu ignorieren. Wie Sie feststellen werden, läßt er sich leicht ablenken, wenn Sie mit ihm sprechen, und seine Konzentrationsfähigkeit wird selbst durch minimale Bewegungen oder Geräusche während einer Unterhaltung beeinträchtigt. Es kann demnach alles mögliche seine Aufmerksamkeit fesseln, auch Dinge, die Sie selbst gar nicht registriert haben. Denn wir sind gewohnt, lediglich einen Teil unserer Aufmerksamkeit darauf zu verwenden, das Geschehen um uns herum wahrzunehmen, während sich der größte Teil unserer Aufmerksamkeit auf unsere augenblickliche Tätigkeit richtet. Dazu ist der Kopfverletzte nicht mehr in der Lage. Aus diesem Grund werden die Therapeuten versuchen, mit ihm alleine in einem ruhigen Raum zu arbeiten, wo die Ablenkungsmöglichkeiten gering sind. Auch Sie sollten dies beachten. Solange sich der Patient zum Beispiel beim Gehen noch darauf konzentrieren muß, das Gleichgewicht zu halten, wäre es falsch, ihn dabei anzusprechen.

Geteilte Aufmerksamkeit

Die zweite Form der Konzentrationsstörung steht mit der ersten in engem Zusammenhang und tritt immer dann auf, wenn der Hirnverletzte seine Aufmerksamkeit zwischen zwei Dingen teilen muß. Normalerweise tun wir das, ohne darüber nachzudenken; beispielsweise wenn wir am Telefon eine Nachricht notieren, während einer Vorlesung mitschreiben oder auf ein Kind aufpassen und uns dabei mit einem Freund unterhalten. Nach einer Kopfverletzung kann sich der Betroffene nicht richtig auf eine Sache konzentrieren, und auf zwei schon gar nicht. Sie können ihm helfen, indem Sie seinen Alltag so organisieren, daß er nicht gezwungen ist, seine Aufmerksamkeit auf mehrere Dinge zugleich zu richten. So sollten Sie beispielsweise darauf achten, daß er nicht mehrere Besucher gleichzeitig empfängt.

Aufmerksamkeitsspanne

Auch die sogenannte Aufmerksamkeitsspanne kann beeinträchtigt sein, also die Zeit, über die hinweg sich ein Kopfverletzter auf eine Aufgabe zu konzentrieren vermag. In der Frühphase kann diese Zeitspanne unter Umständen gerade einmal fünf Minuten betragen. Die Therapeuten berücksichtigen dies; sie wissen, daß es keinen Sinn hat, mit einer Übung weiterzumachen, wenn die Konzentrationsfähigkeit rapide nachläßt. Auch die Angehörigen und Freunde müssen sich darauf einstellen, daß der Betroffene unter Umständen von einem Moment auf den anderen eine Tätigkeit abbrechen muß. Sie sollten sich merken, wie lange sich der Verletzte konzentrieren kann, und ihn nicht überfordern. Auf jeden Fall wird sich diese Zeitspanne nach ein paar Wochen verlängern. Bei Müdigkeit läßt auch die Konzentrationsfähigkeit des Kopfverletzten weiter nach. Sie können ihn ermutigen, seinen Tag so zu planen, daß er die schwierigsten Aufgaben erledigt, solange er frisch und munter ist, und ihm obendrein nahelegen, sich unbedingt Ruhepausen zu gönnen oder zu schlafen, wenn er sich müde fühlt. Denn das ist besser, als etwas mit aller Gewalt fertigstellen zu wollen, und es dann doch nicht zu schaffen.

Probleme mit der Aufmerksamkeit

Es ist schwierig:
Die Aufmerksamkeit auf ein Thema zu richten und Ablenkungen zu ignorieren.
Die Aufmerksamkeit zu teilen, also während eines Vortrags mitzuschreiben.
Sich lange zu konzentrieren.

Gedächtnisprobleme

Gedächtnisprobleme sind besser zu verstehen, wenn Sie wissen, wie das Gedächtnis normalerweise funktioniert. Es handelt sich dabei nämlich nicht um ein einfaches Einstufensystem, sondern um eine Abfolge mehrerer Schritte. Um uns an etwas erinnern zu können, müssen wir es zuvor in uns aufgenommen haben oder darauf aufmerksam gemacht worden sein. Die Informationen müssen im Gehirn gespeichert worden sein, und zwar so, daß wir sie bei Bedarf wieder abrufen können.

Zudem unterscheidet ein normal funktionierendes Gedächtnis zwischen wichtigen und weniger wichtigen Informationen, je nachdem, ob es möglich sein soll, sie später wieder abzurufen oder nicht. Nicht alles, an das wir uns irgendwann erinnern müssen, braucht für lange Zeit gespeichert zu werden. Eine Telefonnummer muß nur so lange im Gedächtnis bleiben, bis wir den

Anruf getätigt haben. Sie wird dann möglicherweise nie mehr benötigt und kann aus gutem Grunde vergessen werden. Andere Informationen werden wir immer wieder brauchen, so lange wir leben. Es läßt sich also sagen, daß einige Gedächtnisinhalte nur kurzzeitig, andere aber für immer behalten werden. Was uns seit langem vertraut ist, eine Kindheitserinnerung oder Wörter unserer Muttersprache, ist eine beständige Erinnerung, die wir wahrscheinlich nie verlieren werden. Sie ist anscheinend auf eine andere Weise im Gehirn gespeichert als neue Informationen. Fakten, die wir erst seit kurzer Zeit kennen, wie den Namen eines Bekannten oder eine neue Telefonnummer, werden leichter vergessen. Einige vorübergehende Erinnerungen können jedoch unter Umständen auch noch im nachhinein wie ständige Erinnerungen gespeichert werden. Das geschieht dann, wenn wir plötzlich wieder einen Nutzen aus solchen Erinnerungen ziehen können und uns auf sie beziehen oder sie häufig abrufen. Dieser wiederholte Gebrauch oder die wiederholte Einübung von Gedächtnisinhalten vergrößert die Wahrscheinlichkeit, daß sie weiterbestehen bleibt und schließlich zur beständigen Erinnerung wird. Wir alle nutzen diesen Vorgang, um zu lernen. Wir wissen, daß wir uns etwas merken können, wenn wir es häufig wiederholen. Natürlich gilt auch das Gegenteil: Wenn wir neu angeeignete Informationen nicht benutzen, vergessen wir sie schnell.

Es gibt noch einen weiteren das Gedächtnis betreffenden Aspekt, über den wir Bescheid wissen müssen, um zu verstehen, wie es durch eine Kopfverletzung beeinträchtigt werden kann. Es handelt sich dabei um das Phänomen der gesonderten Verarbeitung von Gedächtnisinhalten. Erinnerungen an Gespräche, Bilder oder Gerüche scheinen nämlich vom Gehirn getrennt behandelt zu werden. So arbeiten zum Beispiel andere Gehirnsektoren zusammen, wenn man sich an das Gesicht einer Person erinnern will, als dann, wenn man sich deren Namen ins Gedächtnis zurückzurufen versucht. Gleichermaßen werden andere Teile des Gehirns benutzt, um sich an Landkarten oder Diagramme zu erinnern, als um Gedichte auswendig zu lernen.

Stufen des Gedächtnisses

Aufmerken:

Speichern: (verschiedene Speicher für verschiedene Erinnerungen):
    a) Für kurze Zeit (Kurzzeitgedächtnis).
    b) Für den späteren Abruf (Langzeitgedächtnis).

Erinnern:
    a) Ohne Hinweise (Abruf).
    b) Mit Hinweisen (Wiedererkennen).

Das Gedächtnis ist also ein sehr komplexes System, mit vielen verschiedenen Stufen und Teilen, die durch eine Kopfverletzung beeinträchtigt werden können. Da es nicht ungewöhnlich ist, daß einige Teile des Systems völlig normal arbeiten, fällt es Freunden und Angehörigen manchmal schwer zu verstehen, warum der Schädel-Hirn-Verletzte von sich sagt, er habe ein „Gedächtnisproblem". Die meisten Patienten haben keine Schwierigkeiten, beständige Erinnerungen abzurufen, die vor dem Unfall gefestigt wurden. Vielen bereitet es jedoch Probleme, neue Erinnerungen in einzelnen oder allen Bereichen des Gedächtnisses zu festigen. So kann sich ihr Angehöriger oder Freund womöglich an Einzelheiten eines Familientreffens erinnern, das vor vielen Jahren stattgefunden hat, und das Sie beinahe schon vergessen haben. Sie werden jetzt hoffentlich verstehen, daß dies nicht gleichbedeutend mit einem voll funktionsfähigen Gedächtnis ist. Es bedeutet lediglich, daß die Fähigkeit, beständige Erinnerungen abrufen zu können, nicht beeinträchtigt ist.

Das Gedächtnisproblem, das Patienten mit einem Schädel-Hirn-Trauma die meisten Sorgen bereitet, haben wir bis jetzt noch nicht angesprochen: Die Gedächtnislücke in bezug auf das Unfallgeschehen. Der kopfverletzte Patient kann sich weder daran erinnern, was ihm passiert ist, noch wie es passiert ist. Manchmal sind ihm auch Vorgänge entfallen, die sich einige Zeit vor dem Unfall ereignet haben. Er wird außerdem an einer weiteren Form von Gedächtnisverlust leiden, die sich auf Geschehnisse nach dem Unfall beziehen. Er kann sich nicht mehr daran erinnern, bewußtlos gewesen zu sein, und er hat auch bereits vieles von dem vergessen, das sich erst ereignet hat, als er wieder bei Bewußtsein war. Und das, obwohl er es in wachem Zustand erlebt hat und sich sogar schon wieder mit Freunden und Angehörigen unterhalten konnte. Diese beiden Arten von Gedächtnisverlust werden auch retrograde Amnesie und posttraumatische Amnesie genannt.

Retrograde Amnesie

Zum Zeitpunkt des Unfalls hört das Gehirn auf, wahrzunehmen und Erinnerungen zu speichern. Deshalb besteht selten eine Erinnerung an den Unfall selbst, eventuell aber an das, was sich bis zum Zeitpunkt des Unfalls ereignet hat. Es kommt jedoch wesentlich häufiger vor, daß das letzte, woran sich der Schädel-Hirn-Verletzte erinnern kann, ein Ereignis ist, das etliche Minuten, Stunden, Tage, Monate oder sogar Jahre vor dem Unfall stattfand. Manchmal kann sich der Patient an einzelne Vorgänge erinnern, die eigentlich in den Zeitraum seines Gedächtnisverlustes fallen. Gewöhnlich sind diese Geschehnisse von besonderer Bedeutung für ihn, wie zum Beispiel eine Hochzeit.

Mit fortschreitender Besserung seines Zustandes mag er sich an immer mehr Dinge erinnern, die sich vor dem Unfall ereignet haben. Es ist jedoch unwahrscheinlich, daß er sich an alles erinnern wird. Insbesondere ist es unwahrscheinlich, daß er sich an den Moment des Unfalls selbst wird erinnern können. Deshalb ist es auch sinnlos, wenn er seine Energien mit dem Versuch verschwendet, sich den Unfall ins Gedächtnis zu rufen. Für Sie bedeutet dies, daß Sie sich keine Sorgen darüber zu machen brauchen, was geschähe, falls plötzlich die Erinnerung des Patienten an das Unfallgeschehen zurückkäme. Er wird sich niemals an den Unfall erinnern können, weil er diese Erinnerung nicht in seinem Gehirn gespeichert hat. Der Moment des Aufpralls unterbrach den Mechanismus, der erlebte Dinge im Gehirn so ordnet, daß man sich später an sie erinnern kann. Es blieb keine Zeit, um das Geschehen unmittelbar vor und während des Aufpralls in beständige Erinnerungen umzuwandeln. Damit ist es für die Erinnerung unwiederbringlich verloren.

Posttraumatische Amnesie

Sogar nach einer relativ leichten Kopfverletzung wird es eine Phase geben, während der ein Patient zwar wieder wach zu sein scheint, an die er sich aber später nicht wird erinnern können. Diese Phase kann ein paar Sekunden oder Minuten, aber auch Tage, Wochen oder Monate andauern. Während dieser Zeit kann der Patient Antworten geben oder Fragen stellen, umhergehen, Mahlzeiten einnehmen oder Dinge in einem scheinbaren Zustand der Wachheit tun. Da er aber völlig unfähig ist, sich daran zu erinnern, wissen wir, daß er wohl nicht wirklich wach war. Man kann sich diesen Zustand als eine Art Schlafwandeln vorstellen. Wir sind in der Regel nicht überrascht, wenn wir uns nicht an Dinge erinnern können, die sich während des Schlafes ereignet haben. Erwarten Sie ebenso wenig, daß sich Ihr Freund oder Angehöriger an das erinnern kann, was er in der ersten Zeit nach dem Unfall erlebt. Er ist noch nicht wach genug, um das, was um ihn herum geschieht, in seinen Gedächtnisspeicher aufzunehmen.

Weiter oben haben wir schon erklärt, warum ein Kopfverletzter nicht über ein normal funktionierendes Gedächtnis verfügen kann, solange er nicht fähig ist, das Geschehen um sich herum zu verfolgen. Da Probleme mit der Aufmerksamkeit sowie Konzentrationsmängel in den ersten Tagen nach einer Kopfverletzung überaus weit verbreitet sind, treten auch Schwierigkeiten mit dem Gedächtnis in dieser Phase gehäuft auf. Oft geht eine Steigerung der Konzentrationsfähigkeit mit der Verbesserung des Gedächtnisses einher. Sollte dies nicht der Fall sein, so wäre das ein Hinweis darauf, daß Probleme bei der Speicherung von Erinnerungen bestehen. Zudem kann in diesen Fällen der Abruf von Erinnerungen aus dem Gedächtnis gestört sein.

Bewältigung von Gedächtnisproblemen

Der erste Schritt zur Lösung eines Gedächtnisproblems besteht darin, den Fehler exakt zu lokalisieren. Zu diesem Zweck wird Ihr Angehöriger oder Freund von einem Neuropsychologen untersucht. Sie und das Rehabilitationsteam werden danach wissen, welche Teile des Gedächtnisses noch funktionieren und welche durch die Verletzung beeinträchtigt worden sind. Diese Information ist auch für das Gedächtnistraining von großem Nutzen. Falls das Problem zum Beispiel darin besteht, Informationen in den Gedächtnisspeicher zu übertragen, werden dem Kopfverletzten Wege aufgezeigt, um diesen Prozeß effektiver ablaufen zu lassen. Das gleiche gilt, wenn der Patient Schwierigkeiten hat, bei Bedarf Informationen aus dem Gedächtnis abzurufen. Schließlich ist es denkbar, daß derjenige Bereich des Gedächtnisses, der mit Wörtern zu tun hat, noch arbeitet, während derjenige, der für Bilder verantwortlich ist, beeinträchtigt ist. In diesem Fall werden die Übungen das Ziel verfolgen, das intakte Wortgedächtnis zu benutzen, um die Erinnerung an Bilder wiederzubeleben, indem die wichtigen Teile dieser Bilder in Worte übersetzt werden.

Allerdings ist ein Gedächtnistraining sehr arbeitsaufwendig, und es gibt keine Erfolgsgarantie. Im Gegensatz dazu bringt die Technik, das Gedächtnis zu entlasten, unmittelbaren Erfolg: Der Patient muß beispielsweise Dinge, die er nicht vergessen darf, notieren. Wenn der Kopfverletzte als Gedächtnisstütze Notizblöcke, Kalender und Tagebücher benutzt sowie Listen anlegt, kann er die Kapazität seines Gedächtnisses um ein Vielfaches steigern. Das Rehabilitationsteam kann Ratschläge darüber erteilen, welche Mittel im Einzelfall am besten geeignet sind. In Situationen, in denen es besonders wichtig ist, nichts zu vergessen, kann zum Beispiel ein Taschendiktiergerät nützlicher sein als ein Notizbuch. Es wird niemals gelingen, ein mangelhaftes Gedächtnis in ein perfektes zu verwandeln. Aber dadurch, daß ein kopfverletzter Patient nicht mehr so viel vergißt, kann er bis zu einem gewissen Grade die Kontrolle über sein Leben zurückgewinnen. Dann hat er das Gedächtnisproblem im Griff, und nicht umgekehrt.

Wichtige Dinge aufzuschreiben, hilft, mit Gedächtnisproblemen fertig zu werden, und ist kein Hindernis für die Genesung.

Sie als Betreuer können den Patienten anregen, regelmäßig in sein Notizbuch zu schauen; versichern Sie ihm, daß dieses Verfahren der Entlastung des Gedächtnisses und damit der Steigerung der Leistungsfähigkeit dient.

Mangelnde Einsicht

Einsichtig zu sein, bedeutet, seine Grenzen zu kennen. Wenn Ihr kopfverletzter Angehöriger einen Mangel an Einsicht zeigt, reagiert er nicht wie andere Menschen in vergleichbaren Situationen. Die Fähigkeit abzuschätzen, wie das, was wir sagen und tun, auf andere Menschen wirkt, wird, ebenso wie die daraus eventuell resultierende Verhaltensänderung, durch die vorderen, direkt hinter der Stirn liegenden Bereiche des Gehirns gesteuert. Wenn dieser Teil des Gehirns nicht richtig arbeitet, kann der Patient tatsächlich glauben, es fehle ihm nichts. Oder er konzentriert sich ganz auf eine der weniger gravierenden Folgen des Unfalls, wie zum Beispiel ein steifes Knie, und leugnet, darüber hinaus irgendwelche Probleme zu haben. Solange er natürlich keinen Grund für eine Veränderung sieht, wird er wenig Fortschritte in der Rehabilitation machen. Es wird schwierig sein, ihn davon zu überzeugen, sich zu seinem Konzentrationsproblem zu bekennen, solange er davon überzeugt ist, seine Fähigkeit zur Konzentration habe durch den Unfall nicht gelitten.

Mangelnde Einsicht behindert nicht nur die Arbeit des Therapeuten, sondern macht auch der Familie und den Betreuern das Leben schwer. Da der Patient unfähig ist, die Folgen seines Handelns abzusehen, kann sein Verhalten impulsiv und möglicherweise sogar gefährlich sein. So kann er beispielsweise darauf bestehen, Auto oder Motorrad zu fahren, selbst dann, wenn es ihm die für die Rehabilitation Verantwortlichen verboten haben, weil seine Reaktionszeiten dafür noch zu langsam sind. Versuchen Sie derartige Situationen zu vermeiden, indem Sie das Motorrad entfernen und ihm anbieten, ihn zu fahren, wenn er ausgehen möchte. Mangelnde Einsicht tritt vor allem kurz nach einer schweren Kopfverletzung auf. Da der Patient zumeist unkonzentriert ist und Probleme mit dem Gedächtnis hat, ist es für gewöhnlich relativ einfach, ihn abzulenken, wenn er, etwas machen will, das ihm oder anderen schaden könnte. Sie müssen jedoch äußerst wachsam sein und sollten sich um zuverlässige Helfer bemühen, damit Ihr Angehöriger nicht alleine zu Hause bleibt, wenn Sie das Haus verlassen müssen.

Bei mangelnder Einsicht des Patienten

Wird er leugnen, daß er Probleme hat.
Wird er die Notwendigkeit einer Rehabilitation nicht einsehen.
Kann er andere durch seine Handlungen gefährden.

Der Betreuer muß wachsam sein.
Er muß „Aufpasser" anheuern, wenn er das Haus verläßt.

Die Fähigkeit zur Einsicht wird sich erhöhen, sobald es dem Kopfverletzen besser geht. Es ist jedoch unwahrscheinlich, daß dies über Nacht geschieht. Er kann an einem Tag sehr vernünftig sein und schon am nächsten Morgen wieder leugnen, irgendwelche Probleme zu haben. Sie können ihm helfen, indem Sie ihn darauf aufmerksam machen, wozu er in der Lage ist und wozu nicht. Reden Sie darüber mit den Therapeuten, und unterstützen Sie deren Versuche, den Realitätssinn des Patienten zu stärken.

Verlangsamte Reaktionen

Da das Gehirn noch immer nicht wieder voll belastbar ist, ist der kopfverletzte Patient nicht fähig, Dinge genauso schnell und effektiv wie vor dem Unfall zu erledigen. Das gilt sowohl für geistige als auch für körperliche Aktivitäten. Sie werden außerdem feststellen, daß selbst einfache, automatisierte Handgriffe wie Zähneputzen oder Essen viel länger dauern. Der Patient wird sich seiner Langsamkeit nicht bewußt, da er jeden Handgriff so schnell ausführt, wie es sein langsamer arbeitendes Gehirn erlaubt. Glauben Sie bitte nicht, daß er sich absichtlich ungeschickt anstellt oder Sie ärgern will, wenn durch seine Langsamkeit ein vereinbarter Termin nicht eingehalten werden kann. Planen Sie großzügig, und versuchen Sie, es so einzurichten, daß der Patient im Falle eines anstehenden Termins frühzeitig damit beginnt, sich fertig zu machen.

Häufig kann ein Hirnverletzter eine komplexe Aufgabe aufgrund seiner Langsamkeit nicht lösen. Soll er eine Entscheidung treffen, so hat er in der Zeit, die er braucht, um Alternativen abzuwägen, bereits wieder vergessen, welche Möglichkeiten überhaupt in Betracht kamen. Das müssen Sie immer bedenken. In den Frühphasen nach einer Kopfverletzung, solange seine Reaktionen noch verlangsamt sind, müssen Sie den Patienten vor physischen Gefahren schützen, etwa vor der Bedienung gefährlicher Geräte oder dem Fahren eines Kraftfahrzeuges. Außerdem sollten Sie vermeiden helfen, daß er sich mit komplexen Problemen auseinandersetzen muß. Die Therapeuten werden Ihnen zeigen, wie sich schwierige Probleme in kleinere Einheiten zerlegen lassen; für den Patienten bedeutet dies eine große Erleichterung.

Kopfschmerzen

Kopfschmerzen treten häufig selbst nach leichteren Verletzungen auf. Da dieses Buch eine ärztliche Diagnose nicht ersetzen kann, sollten Sie zum Arzt gehen, falls Ihr Angehöriger an Kopfschmerzen leidet. Kopfschmerzen können viele Ursachen haben, und nur der Arzt kann im Einzelfall die Ursache herausfinden. Die häufigsten Gründe für Kopfschmerzen, besonders wenn sie erstmals viele Monate nach der Verletzung auftreten, sind Streß und Überanstrengung. Häufig signalisieren Kopfschmerzen, daß sich der Patient zuviel zumutet; sie verschwinden wieder, sobald er die Tätigkeit beendet, die zur Überanstrengung geführt hat. Sie können aber auch ein Indiz dafür sein, daß er sich über seinen Gesundheitszustand oder über seine berufliche und familiäre Situation Sorgen macht. In diesem Fall kann ein Streßbewältigungsprogramm Abhilfe schaffen, das gewisse Entspannungstechniken vermittelt. Diese können dazu beitragen, die Kopfschmerzen zu lindern oder sie völlig loszuwerden.

Gefühlsschwankungen

In der ersten Phase nach einer Kopfverletzung kann man unter Umständen und unabhängig davon, was sich im Umfeld des Patienten abspielt, eine der beiden im folgenden beschriebenen emotionalen Reaktionen beobachten. Entweder ist der Schädel-Hirn-Verletzte ausgesprochen glücklich und erweckt den Eindruck, als berühre ihn seine eigene Situation ebenso wenig wie Nachrichten, die ihn ansonsten tief erschüttert hätten, oder er erscheint völlig teilnahmslos, unbewegt, emotionslos und unberührbar, als sei ihm jegliches Gefühl abhanden gekommen. Der Patient drückt infolge seiner Kopfverletzungen Gefühle in anderer Weise aus oder reagiert in emotionalen Situationen anders als vor dem Unfall. Diese Frühphase, die entweder durch eine Übersteigerung oder ein völliges Fehlen von Gefühlen gekennzeichnet ist, wird gewöhnlich durch eine Phase abgelöst, in der die Gefühle offenbar verrückt spielen: Es können Gefühlsschwankungen auftreten, die von einem ausgesprochenen Hoch bis zu einem verzweifelten Tief reichen können. Auch Gefühle, die normalerweise untypisch für die betreffende Person sind, können verstärkt zum Vorschein kommen.

Unsere gewohnten emotionalen Reaktionen sind das Resultat langjähriger Erfahrung. Das Gehirn ordnet unseren emotionalen Erfahrungen einen Sinn zu, damit wir richtig darauf reagieren können. Während wir aufwachsen, lernen wir, Anzeichen der Gefahr, des Ärgers und anderer Gefühle in unserem Körper zu erkennen. Dabei handelt es sich um Reaktionen, die sich ganz automatisch einstellen, ohne daß wir darüber nachdenken müssen. Wir wissen genau und ohne zu überlegen, daß wir böse, glücklich, traurig oder fröhlich sind. Eine Kopfverletzung kann diese Art der Erfahrung für den Patienten grundlegend verändern. Das ist der Grund, warum ihn gewöhnliche und alltägliche Dinge plötzlich aus der Fassung bringen oder ihm erhebliches Unbehagen bereiten können. So werden Menschenmassen, das geschäftige

Treiben auf der Straße oder der Geräuschpegel auf einem belebten Platz mitunter als unangenehm und beängstigend empfunden. Gefühle werden vielfach in einer verwirrenden Weise erlebt, so daß der Betreffende nicht mehr weiß, was er überhaupt fühlt. Auch die Fähigkeit, emotionale Reaktionen anderer zu interpretieren, an Gesichtern abzulesen, ob Menschen glücklich oder traurig sind, kann durch die Hirnverletzung gestört sein.

Häufig verliert der Patient die Kontrolle über emotionale Reaktionen wie Weinen oder Lachen. Hin und wieder äußert sich das darin, daß er diese Reaktionen selbst dann nicht wieder abstellen kann, wenn das sie auslösende Gefühl längst verschwunden ist. Manchmal werden Weinen oder Lachen durch unangemessene Emotionen, oder aber ohne jede Bindung an ein Gefühl ausgelöst. Es kann sein, daß der Patient immer dann unfähig ist, seine Tränen unter Kontrolle zu halten, wenn er aufgeregt ist. Diese Aufregung kann auch durch den Torerfolg seiner Lieblingsmannschaft ausgelöst werden. Andererseits kann jeder Versuch, sich zu konzentrieren, unkontrolliertes Lachen hervorrufen, unabhängig vom Ernst der jeweiligen Situation. Bei einigen Kopfverletzten sind Lachen und Weinen anscheinend von der Gefühlswelt abgeschnitten und treten aus unerfindlichen Gründen auf. Diese Reaktionen können sowohl für den Kopfverletzten als auch für seine Familie und Freunde peinlich sein. Zeigen Sie ihm, daß Sie dieses Verhalten verstehen, und daß Sie es den Umstehenden erklären werden, falls er es nicht selbst tun kann. Vergessen Sie nicht, daß die Fähigkeit, Gefühle zu kontrollieren, ebenso wie alle anderen Unfallfolgen, von der Müdigkeit abhängig und Schwankungen unterworfen ist. Der Patient sollte möglichst ausgeruht sein, wenn er eine Situation bewältigen muß, die bei ihm Lachen oder Weinen auslösen kann.

Andere Gefühlsregungen, die durch eine Kopfverletzung beeinflußt werden können, sind Gereiztheit und Aggressionen. Sie treten häufig auf, wenn der Patient aus der Bewußtlosigkeit erwacht. Möglicherweise schlägt er dann mit der Faust auf jeden ein, der ihm zu nahe kommt. Eventuell kann er Gefühle zunächst nur in aggressiver Weise ausdrücken. Es kann beispielsweise vorkommen, daß er Ihre Hand ergreift, weil er möchte, daß Sie bei ihm bleiben, sie dabei aber so fest drückt, daß es weh tut. Oder er kneift Sie oder versucht, Ihnen den Finger umzudrehen. Dies entzieht sich seiner willentlichen Kontrolle ebenso, wie die Ausdrucksweise, derer er sich in solchen Momenten unter Umständen bemächtigt und die häufig nur aus Schimpfwörtern besteht. Bedenken Sie, daß diese Aggressionen und Beschimpfungen nicht persönlich gemeint sind. Aber selbst wenn es ihm wieder besser geht, werden Sie sich darüber mit ihm nicht unterhalten können, da er sich dann nicht mehr daran erinnern wird.

Auch nachdem er sich so weit erholt hat, daß er sich an die Dinge erinnern kann, die er täglich erlebt, kann er manchmal auf Kleinigkeiten unangemessen gereizt reagieren. Seine Aggressivität kann ebenfalls ein Problem bleiben. Möglicherweise ist der Patient zu Hause sehr schwierig, und es könnte

Sie verletzen, von den Therapeuten zu erfahren, daß sein Verhalten im Reha-
bilitationszentrum ganz anders ist. Dort hat er keine Wutausbrüche, er schreit
und flucht nicht und wirft nicht mit Gegenständen um sich. Dafür gibt es eine
einfache Erklärung. So widersprüchlich es klingen mag: Er beträgt sich in
Ihrer Gegenwart so schlecht, weil er sich bei Ihnen sicher fühlt. Er weiß, daß
Sie ihn lieben. Diese Gefühle bringt er keinem seiner Therapeuten entgegen.
Er muß eine ungeheure Energie aufwenden, um seine Aggressionen unter
Kontrolle zu halten, da er weiß, daß man ihn wahrscheinlich hinauswerfen
würde, wenn er durchdrehte. Zu Hause kann er sich entspannen, und Sie sind
für ihn so etwas wie ein Sicherheitsventil. Dieses Problem sollten Sie mit
dem Rehabilitationsteam besprechen. Auch wenn ein Trainingsprogramm
zum Umgang mit Wutausbrüchen für ihn vielleicht noch zu früh kommt,
kann man im Rehabilitationszentrum bereits auf das Problem eingehen und
Ihnen Tips geben, wie sich derartige Gefühlsausbrüche in den Griff bekommen lassen. Wenn Sie darüber nicht mit den Therapeuten sprechen, können
diese natürlich nicht ahnen, daß, im Gegensatz zu den Therapiesitzungen, zu
Hause Wutausbrüche an der Tagesordnung sind. Um diese Phase zu überste-
hen, ist es hilfreich zu wissen, daß das Verhalten des Kopfverletzten keinen
persönlichen Angriff auf Sie darstellt. Außerdem sollten Sie darauf vertrauen,
daß mit der Zeit alles besser wird.

Eine weitere Gefühlsregung müssen wir noch ansprechen, die üblicherwei-
se erst zu einem späteren Zeitpunkt des Genesungsprozesses auftritt. Es ist
ganz natürlich, daß ein Kopfverletzter depressiver wird, wenn er sich erholt
und mehr Einblick in seine Situation bekommt. Jetzt kann er erkennen, was er
alles verloren hat: Die persönliche Freiheit, die Beweglichkeit sowie eine
ganze Reihe von Fertigkeiten. Vielleicht gibt es sogar geistige, körperliche
und emotionale Einbußen. Das Gefühl der Depression ist daher eine durchaus
angemessene Reaktion auf die vielen Verluste, die der Patient erlitten hat.

Dieses Gefühl der Verzweiflung mag über Tage, Wochen oder auch Monate hinweg kommen und gehen. Eventuell äußert der Patient Gefühle der
Frustration, des Ärgers oder der Verzweiflung und spricht davon, Schluß
machen zu wollen. Wenn Sie befürchten, er könnte sich selbst verletzen oder
sich gar Schlimmeres antun, sprechen Sie mit Ihrem Arzt oder einem Mitglied des Rehabilitationsteams darüber. Drängen Sie darauf, daß diesen Bedenken nachgegangen wird. Berücksichtigen Sie jedoch, daß eine derartige
Reaktion, auch wenn sie auf Familienangehörige und Freunde alarmierend
wirken mag, ein Zeichen für Genesung ist. Solange man die eigene Situation
nicht erkennt, kann man darüber auch nicht deprimiert sein. Diese Erkenntnis
ist für den Erfolg der weiteren Rehabilitation von grundlegender Bedeutung.
Die Betreuer können dem Kopfverletzten zu der Einsicht verhelfen, die Depression als ein positives Zeichen dafür zu betrachten, daß sich sein Zustand
bessert. Wäre er auf sich alleine gestellt, könnte er glauben, sein Zustand
verschlechtere sich, da er sich selbst ja immer schlechter fühlt. Das würde

seinen ohnedies schon von A̶ und Verwirrung gekennzeichneten Zustand nur noch verschlimmern un̶ ̶ über all die schrecklichen Dinge, die sich offensichtlich in se̶ ̶ ̶och vergrößern.

Depression oder Angst als eine ̶ Reaktion zu interpretieren und zu akzeptieren, ist eine Gru̶ ̶ positive Fortsetzung der Rehabilitationsarbeit. So gesehen, ̶ ̶ Schritt auf dem Weg zur Genesung.

Die Stadien emotionaler Reaktionen

Frühstadium:
Überschwengliche beziehungsweise gar keine Gefühle.

Mittleres Stadium:
Überreaktionen.
Gereiztheit.
Aggressionen.
Unangebrachtes Lachen oder Weinen.

Späteres Stadium:
Fähigkeit, seine Gefühle Fremden gegenüber unter Kontrolle zu halten.
Depression.
Weiterhin Überreaktionen.

Sexuelle Probleme

Infolge der körperlichen, psychischen oder sozialen Veränderungen kann auch die Sexualität des Patienten gestört sein. Vielfach tritt das Problem der Impotenz auf, über das der Patient in aller Regel nur ungern mit Therapeuten, Angehörigen oder Freunden sprechen wird. In der Frühphase kann Impotenz durch Müdigkeit bedingt sein; in diesem Fall kann im Laufe der Zeit eine Besserung eintreten. Schon in dieser frühen Phase sollten Sie jedoch dem Patienten raten, dieses Problem mit einem Arzt zu besprechen.

Psychische Veränderungen können ihre Ursache darin haben, daß sich die Betroffenen nach ihrem Unfall in anderer Weise wahrnehmen als vorher. Der Verlust, die Entstellung oder die Lähmung von Gliedmaßen können das Selbstbild beeinträchtigen und zu Schwierigkeiten in den sozialen und sexuellen Beziehungen führen. Weniger offensichtliche Verluste, wie eine Veränderung der beruflichen Situation, können ebenfalls zu einer Minderung des Selbstwertgefühls beziehungsweise des Selbstvertrauens führen.

Es kann passieren, daß der kopfverletzte Patient gegen ungeschriebene soziale Regeln verstößt, ohne dies zu wollen. Er kann zum Beispiel die

Intimsphäre eines anderen Menschen verletzen, indem er ihm zu nahe tritt, wenn er sich mit ihm unterhält. Niemand wird gern in solcher Weise bedrängt. Auch kann es sehr unangenehm für die Mitmenschen sein, wenn der kopfverletzte Patient vergessen hat, sich die Zähne zu putzen oder zu duschen. Er kann sehr aufdringlich wirken, andere Leute in unangebrachter Weise berühren oder unanständige Witze erzählen. Dieses Verhalten kann als sexuell provozierend oder als unangemessen empfunden werden. Verstöße gegen soziale Regeln kommen nach Kopfverletzungen sehr häufig vor, und zwar deshalb, weil die Betreffenden nicht mehr in der Lage sind, die Auswirkungen ihres Verhaltens auf andere Menschen abzuschätzen.

Sollte sich Ihr kopfverletzter Freund oder Angehöriger sexuell unangemessen verhalten, so weisen Sie ihn darauf hin. Erklären Sie ihm, warum sein Verhalten inakzeptabel ist. Zeigen Sie ihm nach Möglichkeit, wie man sich richtig verhält oder wie man Gefühle in sozial verträglicher Weise zum Audruck bringt. Erwarten Sie allerdings keine schnellen Erfolge, da das Fehlverhalten durch eine Einschränkung der Hirnfunktionen bedingt ist. Vielleicht ist Ihnen dieses Problem selbst peinlich, oder es ist Ihnen aus anderen Gründen nicht möglich, mit dem kopfverletzten Patienten darüber zu sprechen. In diesem Fall sollten Sie sich an ein Mitglied des Rehabilitationsteams wenden, zu dem Sie Vertrauen haben. Der betreffende Therapeut wird Verständnis für Ihr Problem haben und schließlich auch mit dem Patienten über Ihre Sorgen sprechen können.

Wenn Sie einen kopfverletzten Patienten betreuen, der vor dem Unfall alleine gelebt hat, dann müssen Sie ihm trotz der veränderten Situation etwas Unabhängigkeit zugestehen. Viel zu oft begehen Eltern den Fehler, ihren erwachsenen Kindern keine sexuellen Gefühle oder generell keine Intimsphäre zuzugestehen. Sobald es dem Betreffenden besser geht, wird er auch einen Teil seiner Zeit alleine mit seinen Freunden verbringen wollen, was unbedingt respektiert werden sollte. Leider werden sich seine alten Freunde manchmal nicht mehr melden, und es wird ihm schwer fallen, sich einen neuen Freundeskreis aufzubauen. Schon mehrfach haben wir auf die Bedeutung einer kompetenten Beratung hingewiesen. In solchen Situationen benötigt der Patient unbedingt Hilfestellungen. Aber auch Sie als Betreuer brauchen während dieser Zeit Unterstützung. Erkundigen Sie sich darüber, wie Sie Ihrem erwachsenen Kind oder Partner nach einer Schädel-Hirn-Verletzung helfen können, sein Sexualleben vernünftig zu gestalten.

Fallgeschichten

Michael

Als Michael seine Tage nicht mehr nur mit Schlafen zubrachte, kehrte er als ambulanter Patient in das Krankenhaus zurück, in das er unmittelbar nach seinem Unfall eingewiesen worden war. Die meiste Zeit verbrachte er mit einem Sprachtherapeuten, der mit ihm Lesen und Schreiben trainierte, sowie Übungen zur Verbesserung seines schlechten Gedächtnisses durchführte. Michael hatte sich damit abgefunden, daß er Wörter verwechselte und manche Dinge vergaß. Es war ihm jedoch ausgesprochen unangenehm, Tätigkeiten zu verrichten, die ihm nun Schwierigkeiten bereiteten, während sie ihm früher leicht gefallen waren. Auch war er unglücklich darüber, daß er mit einigen der Spiele und der Rätsel, die ihm der Ergotherapeut aufgab, nicht zurechtkam. Er suchte nach Ausreden, um beispielsweise nicht *Scrabble* spielen zu müssen. Dabei ging er bisweilen so weit, sich unter dem Vorwand einer zusätzlichen Therapiestunde bei dem Krankengymnasten davonzustehlen. Er war davon überzeugt, daß seine Probleme während der Ergotherapie ihre Ursache darin hatten, daß die übrigen Mitglieder der Therapiegruppe zu viel Lärm machten, die Beleuchtung schlecht war oder die Spiele keinen Spaß machten.

Michaels Mutter kam besser mit ihm zurecht, seit er einen Teil des Tages außer Haus verbrachte. Sie begann allerdings, sich vor seiner Rückkehr zu fürchten, denn oft war er dann so müde, daß er aufbrausend und aggressiv wurde. Sie hatte Angst und machte sich Sorgen wegen der Wutausbrüche ihres Sohnes, zögerte aber, die Therapeuten damit zu behelligen und schämte sich, zugeben zu müssen, daß ihr Sohn im Umgang mit ihr so ruppig war. Schließlich rief Michaels Schwester den Vater an und bestand darauf, daß er zu Hilfe kam.

Michaels Vater, der inzwischen angefangen hatte, sich mit dem Unfall abzufinden, und der seine früheren Versäumnisse wieder gutmachen wollte, vereinbarte ein Treffen mit den Therapeuten, um das Problem zu besprechen. Es wurde beschlossen, daß Michael, zur Entlastung seiner Mutter, unter der Woche bei seinem Vater wohnen sollte. Sein Rehabilitationsprogramm wurde dahingehend geändert, daß er mehr Ruhepausen hatte. Er kam dadurch weniger müde nach Hause und konnte auf diese Weise seine Zornesausbrüche besser kontrollieren. Außerdem fiel es ihm dadurch leichter, seine selbstgesteckten Rehabilitationsziele zu erreichen. Allmählich sah er ein, daß er Hilfe brauchte.

Katrin

Sechs Monate nach dem Unfall brauchte Katrin immer noch sehr lange für alles, was sie tat. Ihre Mutter übte nach wie vor ihren Beruf aus. Sie hatte den Tagesablauf so organisiert, daß Katrins Geschwister und ihr Vater bestimmte

Aufgaben übernehmen mußten, wenn sie zu Hause waren. Dennoch mußte sie selbst morgens gute zwei Stunden früher aufstehen, damit sie mit ihrer Arbeit fertig wurde. Daher war sie die ganze Zeit etwas müde und reizbar. Sie konnte es kaum mehr ertragen, wenn sich die Kinder zankten, was sie offenkundig häufig taten. Die Geschwister verkrafteten es nicht, daß Katrin die ganze Aufmerksamkeit ihrer Mutter erhielt. Katrin wiederum ärgerte es, daß sie nicht an den Spielen ihrer Geschwister teilnehmen und mit ihnen zur Schule gehen konnte. Sie drückte ihren Unmut durch aggressives Verhalten aus, und ihre Geschwister trugen dann oftmals Biß- und Kratzwunden davon.

Katrin brauchte nicht nur für alles sehr lange, sondern hatte auch weiterhin Probleme mit ihrem Gedächtnis. Offensichtlich hatte sie sich noch nicht wieder so weit erholt, um in die Schule gehen zu können. Manchmal bekam sie Besuch von ihren Schulfreundinnen. Diese Besuche wurden jedoch immer seltener, da Katrin sehr aufgedreht war und pausenlos redete, wenn sie mit ihren Freundinnen zusammen war. Und die Freundinnen wußten nicht, wie sie mit ihr umgehen sollten.

Arnold

Arnold sagte seinen Termin zur Nachuntersuchung im Krankenhaus ab. Er redete sich ein, er habe nicht die Zeit, eine oder mehrere Stunden im Wartezimmer herumzusitzen. In Wahrheit aber hatte er Angst, den Verstand zu verlieren. Im Laufe der Zeit erkannte Arnold nämlich immer deutlicher, daß irgendetwas nicht in Ordnung war, daß er mit seinen Problemen nicht mehr fertig wurde. Er hatte einige Fehlentscheidungen getroffen, die nicht nur kostspielig waren, sondern ihm auch beruflich schadeten. Außerdem merkte er, daß er Schwierigkeiten hatte, seine Gefühle unter Kontrolle zu halten, und daß er häufig weinen mußte. Er sah darin die Bestätigung der von ihm befürchteten Diagnose „Nervenzusammenbruch". Er hatte sich von seiner Freundin getrennt, zum einen wegen seiner Gefühlsschwankungen, zum anderen aber, weil er spürte, daß er impotent war.

Schließlich konnte Arnold nicht länger so tun, als sei der Unfall nie geschehen. Er brauchte professionelle Hilfe. Er suchte seinen Hausarzt auf, einen alten Freund der Familie. Und dieses Mal hielt er die Verabredung ein. Er war erleichtert, als der Arzt es ablehnte, ihn an einen Psychiater zu überweisen, und ihm erklärte, er sei durchaus nicht im Begriff, verrückt zu werden. Obwohl es ihm schwer fiel, folgte Arnold dem Rat seines Arztes, nicht länger zu versuchen, seinen vielen beruflichen Aktivitäten nachzugehen, sondern sich darauf zu konzentrieren, mit den Folgen seiner Kopfverletzung fertig zu werden.

6. Spezifische Folgen einer Kopfverletzung

Die im letzten Kapitel dargelegten Nachwirkungen eines Unfalls treten bei all jenen Patienten auf, die eine gedeckte (geschlossene) Schädel-Hirn-Verletzung erlitten haben, unabhängig davon, ob es sich um ein leichtes oder ein schweres Trauma handelt. Sie werden sich erinnern, daß bei dieser Art von Verletzung fast alle Teile des Gehirns durch Zerrung und Dehnung in Mitleidenschaft gezogen werden. Offene Verletzungen oder Hämatome hingegen verursachen lokale Störungen, die auf einen bestimmten Bereich des Gehirns beschränkt bleiben und sich in ganz unterschiedlicher Weise auswirken können. Sie sind vergleichbar mit den Folgen eines Schlaganfalls, da hier wie dort eine Halbseitenlähmung, Koordinations-, Gleichgewichts- oder Sprachstörungen sowie Verhaltensauffälligkeiten zu beobachten sein können. Häufig treten beide Arten von Verletzungen gleichzeitig auf, was es dem Patienten erschwert, mit seinen Behinderungen fertig zu werden.

Auswirkungen auf die Beweglichkeit der Gliedmaßen und den Gleichgewichtssinn

Alle Lebewesen, also auch wir Menschen, sind auf kräftige, gut koordinierte Arm- und Beinbewegungen sowie auf einen intakten Gleichgewichtssinn angewiesen, um beispielsweise gehen oder klettern zu können. Derartige Bewegungen erfolgen zum größten Teil automatisch und ohne nachzudenken. Bei uns Menschen kommt aber erschwerend hinzu, daß wir uns aufrecht fortbewegen und mit Händen und Armen komplizierte Bewegungsabläufe bewerkstelligen müssen. Es ist daher kein Wunder, daß Störungen, seien sie nun durch einen Unfall oder eine Krankheit bedingt, nachhaltige Auswirkungen auf diese komplexen Abläufe haben können.

Lähmungserscheinungen

Wie in Kapitel 2 erwähnt, führt die Schädigung einer Hirnhälfte gewöhnlich zu Lähmungserscheinungen der gegenüberliegenden Körperseite, zu einer Halbseitenlähmung oder Hemiplegie. Die meisten Leute kennen diese Erscheinung als Auswirkung eines Schlaganfalls. Die Hand ist in der Regel am schwersten betroffen. Während die Beweglichkeit von Schulter, Ellbogen, Hüfte und Oberschenkel relativ schnell zurückkehren kann, bleibt die Hand oftmals in ihrer Beweglichkeit beeinträchtigt. Und dies, obwohl die Muskulatur selbst durchaus kräftig ist; sie ist allerdings in vielen Fällen spastisch oder steif, so daß sie sich jeder koordinierten Bewegung zwangsläufig widersetzt. Die Reflexe hingegen können sehr ausgeprägt sein. Wird nun ein derart in Mitleidenschaft gezogener Muskel schnell angespannt, wie beispielsweise der Wadenmuskel beim Aufsetzen des Fußes auf den Boden, so zieht er sich wiederholt zusammen. Dadurch entsteht eine krampfartige Bewegung, die Klonus genannt wird. Die erhöhte Aktivität eines spastisch verkrampften Muskels kann ein Gelenk in eine ungewöhnliche Stellung ziehen, in der es sich versteift, wenn es nicht regelmäßig bewegt wird; dies wird als Kontraktur bezeichnet. Ein in dieser Weise versteiftes Gelenk kann zu dauerhaften Beeinträchtigungen führen.

Bei manchen Kopfverletzungen treten solche Lähmungserscheinungen auf, insbesondere bei Verletzungen, bei denen ein Hämatom auf eine Gehirnseite drückt; in der Regel sind darüber hinaus keine nennenswerten Beeinträchtigungen vorhanden. In den meisten Fällen schwerer Kopfverletzungen hingegen kommt es zu diffusen Schädigungen des Gehirns, von denen auch tiefer liegende Gehirnschichten nicht verschont bleiben. Dies ergibt ein vollkommen anderes Krankheitsbild: So können in den ersten Tagen nach dem Unfall die Beine steif und gestreckt und die Zehen nach oben gebogen sind; die Arme hängen entweder gerade herunter oder sind angewinkelt. Beläßt man die Gliedmaßen in dieser Stellung, so versteifen sich in der Regel die Gelenke. Wenn längst eine Besserung der eigentlichen Kopfverletzung eingetreten ist, bleiben häufig trotzdem ein Arm und beide Beine gelähmt und spastisch. Dabei ist das Bein auf der Seite des gelähmten Armes für gewöhnlich stärker betroffen. Der andere Arm dagegen kann unter Umständen annähernd normal beweglich sein. (Dieses Grundmuster variiert jedoch stark.)

Lähmungserscheinungen an Armen und Beinen

Hemiplegie (Halbseitenlähmung):
Örtlich begrenzte Schädigung einer Hirnseite.
Eine Körperhälfte ist betroffen.

Triplegie:
Ausgedehnte Schädigungen größerer Hirnbereiche, die sich bis in die tieferen Schichten des Gehirns erstrecken.
Ein Arm und zwei Beine sind betroffen.

Koordinations- und Gleichgewichtsstörungen

Die Fähigkeit, die Bewegungen von Armen und Beinen zu koordinieren, wird von einem eigenen Hirnzentrum gesteuert. Bei einem Schlaganfall, insbesondere wenn die eingetretene Schädigung örtlich begrenzt ist, können die Lähmungserscheinungen im Einzelfall nur eine relativ geringe Beeinträchtigung der Koordinationsfähigkeit mit sich bringen. Beim Trauma, das gewöhnlich eine ausgedehntere Schädigung verursacht, kommt es häufig sowohl zu Koordinationsstörungen als auch zu Lähmungserscheinungen. Gelegentlich ist jedoch ausschließlich die Koordinationsfähigkeit beeinträchtigt, ohne daß es zu Lähmungserscheinungen kommt.

Die Fähigkeit, das Gleichgewicht zu halten und eine aufrechte Körperhaltung einzunehmen, spielt für das Gehen eine wichtige Rolle. Die Steuerung erfolgt durch mehrere Zentren im Gehirn, von denen jedes in unterschiedlichem Maße beeinträchtigt sein kann. Gleichgewichts- und Haltungsstörungen treten in der Frühphase nach einer schweren Verletzung auf, wenn der Patient anfängt zu sitzen. Dabei fällt für gewöhnlich der Kopf nach vorne oder zur Seite, und der Körper sackt in sich zusammen. Nach und nach erhöht sich die Muskelspannung, so daß der Patient seinen Kopf hochhalten kann. Bevor mit ersten Gehversuchen begonnen werden kann, muß wieder gelernt werden, die richtige Muskelspannung in Rumpf und Beinen zu erzeugen. In dieser Phase wird ein weiteres Zentrum aktiv, das uns feststellen läßt, in welcher Lage und in welchem Verhältnis zur Umwelt sich unser Körper befindet. Ein gesunder Mensch erkennt dies automatisch; er erfaßt seine Umgebung mit einem Blick; er weiß sofort wo oben ist, wo er sich anlehnen kann, was ihn aufrecht erhält und woran er sich festhalten kann, wenn er ins Stolpern gerät. Diese Fähigkeit ist in vielen Fällen nach einer Hirnverletzung nicht mehr vorhanden. Gesunden Menschen fällt es schwer nachzuvollziehen, wie furchterregend ein derartiger Zustand sein kann. Am ehesten läßt er sich vielleicht mit der Vorstellung vergleichen, man müßte sein Leben auf einer Achterbahn zubringen. Der kopfverletzte Patient muß all diese wichtigen Fähigkeiten wiedererlernen, damit seine Körperhaltung wieder aufrechter wird und seine Sinne wieder angemessen auf die Umgebung reagieren können.

Eine wichtige Rolle spielen auch die Gleichgewichtsorgane (Vestibularapparate) im Innenohr, die zusammen mit den Gehörorganen in einer Knochenkapsel an der Schädelbasis liegen. Sie sind sehr klein und gegenüber Störungen äußerst empfindlich. Schon nach leichteren Verletzungen treten vielfach Gleichgewichtsstörungen auf, die sich, wenn der Kopf plötzlich bewegt wird, als Drehschwindel bemerkbar machen können. Schwere Verletzungen können diese Organe manchmal völlig funktionsuntüchtig machen. Fehlende Informationen der Gleichgewichtsorgane erschweren es den Patienten, eine stabile Sitzhaltung einzunehmen und die Schritte zu versuchen.

Koordinationsfähigkeit:
Erfordert Kraft, aber auch Kontrollfähigkeit.

Gleichgewichtssinn:
Erfordert Koordinationsfähigkeit.
Erfordert Informationen vom Innenohr und den Augen.
Erfordert Erfahrung und Denkprozesse.

Stabile Körperhaltung:
Erfordert Kraft, Kontrollfähigkeit, Gleichgewichtssinn sowie Ausdauer und ist
Voraussetzung für die ersten Gehversuche.

Ein Großteil der Frührehabilitation ist auf diese Probleme zugeschnitten. Während des Komas sorgen die Krankengymnasten dafür, daß die Gelenke in Bewegung gehalten werden; sie schützen sie zugleich vor Belastungen, welche die abnorme Körperhaltung eines Bewußtlosen mit sich bringt. Wenn der Patient wieder bei Bewußtsein ist, übt der Krankengymnast mit ihm, auf einem Stuhl zu sitzen, wobei er ihm anfangs noch den Kopf hält. Später benutzt er ein Stehbett, um den Patienten an eine aufrechte Position zu gewöhnen, und schließlich übt er das Stehen mit ihm. Auf diese Weise lernt der Patient wahrzunehmen, wo im Raum er sich befindet, und welche Haltung sein Körper einnimmt.

Gehen

Wenn der Patient dieses Stadium erreicht hat, wird er schon ein paar unsichere Schritte von seinem Bett zum Stuhl gehen können. Nun muß das Gehen wieder eingeübt werden, das eines der Hauptziele in der Rehabilitation darstellt und Zeichen einer gewissen Leistungsfähigkeit und Unabhängigkeit des Hirnverletzten ist. Am Anfang wird der Patient noch durch den Therapeuten unterstützt, dann durch eine Gehhilfe (ein Gestell mit Rädern zur Unterstützung des Gleichgewichts und zur Entlastung der Arme) und schließlich nur noch durch Krücken. Schienen können angelegt werden, um das Knie zu verstärken oder um den Fuß in einer sinnvollen Stellung zu halten.

Wie weit das wiedererlernte Gehen dem normalen Gangbild entspricht, hängt von der Schwere der Verletzung ab. Einige Patienten werden wieder genauso gehen können wie vorher. Andere werden nur wenige Schritte machen können und daher außerhalb des Hauses auf den Rollstuhl angewiesen sein. Das beste Maß des Erfolgs ist die Funktionsfähigkeit des Patienten im täglichen Leben. Dies ist deshalb wichtig zu erwähnen, weil Patienten manchmal ganz versessen darauf sind, endlich wieder gehen zu können, aber praktische Hilfsmittel zur Unterstützung der Funktionsfähigkeit ihrer Beine, etwa eine Krücke oder einen Rollstuhl, ablehnen.

Fertigkeiten des täglichen Lebens

Während der Patient noch Körperhaltung, Gleichgewicht und Beweglichkeit einübt, versucht der Ergotherapeut bereits, diese wiedererlernten Fähigkeiten für alltägliche Dinge zu nutzen. Durch Essen, Waschen und all die anderen kleinen Verrichtungen lernt der Patient wahrzunehmen, wo er ist, was um ihn herum geschieht, und wie er sich zu seiner Umwelt verhält. Später dehnt sich der Unterricht auch auf manuelle Fertigkeiten aus, etwa das Schreiben und Arbeiten mit einer Schreibmaschine oder einem Computer.

Wiedererlangung der Fertigkeiten des täglichen Lebens

Einsatz der wiedererlernten Koordinationsfähigkeit und des Gleichgewichtssinnes, um einfache Alltagsverrichtungen zu bewältigen (Waschen, Essen und so weiter). Verbesserung der Koordinationsfähigkeit und des Gleichgewichtssinnes mit Hilfe manueller Fertigkeiten.

Spontane Bewegungen

Einige Menschen entwickeln nach einer Kopfverletzung störende spontane Bewegungen, die als Chorea oder Ballismus bezeichnet werden. Normalerweise ist lediglich ein Arm betroffen: Aus der Ruhestellung heraus oder mitten in einer Bewegung macht der Arm plötzlich eine unwillkürliche, mitunter recht heftige Bewegung. Für gewöhnlich bewegt sich dabei der ganze Arm, manchmal sind aber auch nur die Hand oder einzelne Finger betroffen. Die Ursache für dieses Phänomen ist eine Schädigung der tiefer liegenden Zentralbereiche des Gehirns, und mitunter können Medikamente Abhilfe schaffen.

Posttraumatische Epilepsie

Diagnose der posttraumatischen Epilepsie

Wie in Kapitel 2 dargelegt, können Verletzungen bestimmter Bereiche des Gehirns Narben hinterlassen, die zur Instabilität der Hirnfunktionen und zur Epilepsie führen können. Diese Epilepsie kann sich in unterschiedlichen Anfällen äußern. Am einfachsten zu erkennen ist der generalisierte Anfall, bei dem der Patient das Bewußtsein verliert und an Armen und Beinen zittert. Bei anderen Formen von Anfällen wird der Patient bewußtlos, ohne daß es dabei zu krampfhaften Zuckungen kommt. Dieser Zustand dauert manchmal nur wenige Augenblicke, und weitere Symptome sind dabei nicht zu beobachten. Falls bei einem Anfall die Beine nachgeben, fällt der Patient zu Boden, falls nicht, bleibt er auch während der Bewußtlosigkeit unverändert stehen. Hin und wieder macht er während oder unmittelbar nach dem Anfall recht gut koordinierte aber völlig unangebrachte Dinge: Vielleicht läuft er im Kreise oder gibt unzusammenhängende Wörter von sich; unter Umständen ist er eine Zeitlang verwirrt. In manchen Fällen sind die Anfälle kaum wahrnehmbar und können als wenige Augenblicke dauernde, kurze Absencen beschrieben werden.

Normalerweise erkennen die Angehörigen sofort und eindeutig, daß hier etwas nicht stimmt (vielleicht abgesehen von Absencen oder den ganz kleinen Anfällen), und sie werden unverzüglich ihren Arzt darüber informieren. Damit dieser eine Diagnose über Art und Ursache des Anfalls stellen kann, ist er auf eine exakte Beschreibung der Vorgänge angewiesen. Die Angehörigen sollten daher alles möglichst genau, am besten schriftlich schildern.

Normalerweise wird zu Diagnosezwecken ein EEG (Elektroencephalogramm) durchgeführt (siehe auch Kapitel 2); diese Untersuchung stellt aber nur einen diagnostischen Anhaltspunkt dar. Eventuell zeigen sich dabei keine Auffälligkeiten, obgleich eindeutig Anfälle aufgetreten sind.

Posttraumatische Epilepsie

Generalisierte Anfälle mit Zuckungen.
Kleine Anfälle mit Absencen.

Diagnose eines Anfalls

Detaillierte Beschreibung des Vorgefallenen ist erforderlich.
EEG weist möglicherweise keine Veränderung auf.

Behandlung

Wurde eine posttraumatische Epilepsie diagnostiziert, werden gewöhnlich antikonvulsive Medikamente verordnet. Dadurch wird die durch die Reizung von Gehirnnarben bestehende Tendenz zur Instabilität der Neuronen vermindert. Wird ein solches Medikament verordnet, so muß es regelmäßig und auf Dauer eingenommen werden. Es stellt nämlich eine Art Versicherungspolice dar. Es hat keinen Sinn, es unregelmäßig einzunehmen; in diesem Fall könnte es sogar schädliche Auswirkungen haben. Soll die Einnahme des Medikaments eingestellt werden, muß dies schrittweise und über einen Zeitraum von zwei bis drei Wochen hinweg erfolgen („Ausschleichen"), da ein plötzliches Absetzen einen Anfall auslösen könnte.

Nachdem das Medikament verordnet wurde, muß die richtige Dosis herausgefunden werden. Der wichtigste Gradmesser dabei ist die Frage, ob durch die Einnahme des Medikaments die Anfälle verschwinden und ob sich unangenehme Nebenwirkungen zeigen; häufig dient die im Blut nachweisbare Menge des Medikaments als weiterer Anhaltspunkt. Später wird die Dosis etwa alle sechs Monate überprüft, oder aber, wenn es zu weiteren Anfällen oder Nebenwirkungen kommen sollte.

Wie hoch ist das Risiko einer posttraumatischen Epilepsie?

Bei der Einschätzung des Risikos einer posttraumatischen Epilepsie spielt die Art der Kopfverletzung eine entscheidene Rolle, insbesondere Verletzungen der Oberfläche des Gehirns. Bei offenen Wunden, bei denen auch das Gehirn in Mitleidenschaft gezogen wurde, besteht ein erhöhtes Risiko, desgleichen bei Hämatomen im Gehirn. Als Faustregel gilt, daß das Risiko einer posttraumatischen Epilepsie bei einer mittelschweren offenen Verletzung, die etwa fünf Quadratzentimeter der Gehirnoberfläche betrifft, bei ungefähr 20 Prozent liegt. Je genauer der Arzt über das Ausmaß der Schädigung Bescheid weiß, desto besser kann er das Risiko einschätzen.

Anfälle können bereits innerhalb der ersten Tage oder Wochen nach dem Unfall auftreten, aber auch erst nach fünf oder mehr Jahren. Mit der Zeit verringert sich das Risiko; nach drei Jahren liegt es bei weniger als einem Viertel des ursprünglichen Faktors und nach zehn Jahren vermutlich nicht viel höher als im Bevölkerungsdurchschnitt.

Kann man der posttraumatischen Epilepsie vorbeugen?

Um einer Epilepsie vorzubeugen, ist zunächst einmal die Wunde gut zu versorgen. Wird sie sorgfältig gereinigt und das beschädigte Gewebe vollständig entfernt, verheilt sie ohne Entzündungen, und das Risiko epileptischer Anfälle verringert sich. Zudem sollten unmittelbar nach dem Unfall antikonvulsive Medikamente verordnet werden; sie verhindern, daß die zerstörte Hirnregion das umliegende Gehirn in Mitleidenschaft zieht. Wenn dann die Medikamente nach etwa einem Jahr abgesetzt werden, ist das Risiko vorüber. Eindeutige Beweise hierfür fehlen derzeit noch; viele Ärzte betrachten die Epilepsie jedoch als derart schwerwiegende Beeinträchtigung, daß die Chance, eine posttraumatische Epilepsie auszuschließen, die Nachteile einer langwierigen Medikamenteneinahme aufwiegt. Die Entscheidung darüber sollte mit dem Patienten und seiner Familie eingehend besprochen werden. Sie ist abhängig von den jeweiligen Lebensumständen, der Höhe des Risikos und der Bereitschaft, entsprechende Sicherheitsvorkehrungen zu treffen.

Behandlung der posttraumatischen Epilepsie

Medikamente *sollten* verordnet werden
wenn mit Anfällen zu rechnen ist.

Medikamente *können* verordnet werden,
wenn das Risiko einer Epilepsie hoch ist.

Falls Medikamente verordnet werden,
ist eine regelmäßige Einnahme unabdingbar.

Falls Medikamente abgesetzt werden müssen,
ist eine langsame Reduzierung (Ausschleichen) und eine regelmäßige Überprüfung von
Dosis und Konzentration des Medikaments im Blut erforderlich.

Absetzen der antikonvulsiven Medikamente

Wurden Medikamente zur Vorbeugung einer Epilepsie gegeben, muß nach
etwa einem Jahr entschieden werden, ob sie wieder abgesetzt werden sollen.
Falls in diesem Zeitraum Anfälle aufgetreten sind, müssen die Medikamente
weiterhin eingenommen werden.

Sind keine Anfälle aufgetreten, ist die Entscheidung wesentlich schwieriger. Werden die Medikamente abgesetzt, muß abgewartet werden, ob es
wiederum zu Anfällen kommt. Für jemanden, der sich zur Rehabilitation
noch im Krankenhaus befindet, bedeutet dies kein sehr hohes Risiko. Für
jemanden, der dagegen zu Hause lebt und vielleicht sogar Auto fährt, ist die
Entscheidung ungleich problematischer. Soll der Betreffende weiterhin Auto
fahren, schwimmen oder segeln und dabei in Kauf nehmen, in einer brenzli-
gen Situation einen Anfall zu bekommen? Soll er bestimmte Aktivitäten
vermeiden, bis er weiß, ob er an Epilepsie leidet? Falls ja, wie lange muß er
abwarten?

Auf all diese Fragen gibt es keine klaren Antworten. Ein wesentliches
Kriterium für die anstehende Entscheidung sind die Lebensumstände des
Betreffenden. Wie sehr ist er auf die Benutzung eines Autos angewiesen, und
wie sieht seine berufliche Tätigkeit aus? Ist er fähig, in dieser Frage zu einer
vernünftigen Entscheidung zu kommen, oder wurde seine Urteilskraft durch
den Unfall beeinträchtigt? Ferner ist zu berücksichtigen, wie hoch das Risiko
eines Anfalls ist. Anhand der Art der Verletzung sowie aufgrund des EEG
läßt sich dieses Risiko abschätzen. Leider aber schließt ein negativer EEG-
Befund das Vorliegen einer Epilepsie nicht mit Sicherheit aus. Wenn das
EEG ganz eindeutig Veränderungen aufzeigt, sollte man die Medikamente
weiternehmen. Wird dies jedoch abgelehnt, kann der Patient die Medikamente absetzen und ein Jahr lang ein relativ eingeschränktes Leben führen, um

abzuwarten, ob ein erneuter Anfall auftritt. Diese Alternative kann durchaus vernünftig sein, bringt aber keine absolute Sicherheit.

Nachdem möglichst viele Aspekte erörtert wurden, muß der Arzt gemeinsam mit dem Patienten und seinem Lebenspartner oder einem nahen Angehörigen eine endgültige Entscheidung treffen. Falls entschieden wird, die Medikamente abzusetzen, muß dies langsam, über zwei oder drei Wochen hinweg geschehen. Darüber hinaus sind für die nächsten sechs Monate genaue, individuell abgestimmte Sicherheitsvorkehrungen zu vereinbaren. Falls die Medikamente weitergenommen werden, sollte nach ungefähr einem Jahr ein Termin zur Überprüfung dieser Entscheidung vereinbart werden.

Das Absetzen der Medikamente

Kommt in Betracht:
Wenn keine Anfälle aufgetreten sind, aber vorbeugend Medikamente verabreicht wurden.
Wenn anfangs zwar Anfälle aufgetreten sind, jedoch nicht mehr während der mehrjährigen Einnahme der Medikamente.

Die Entscheidung hängt davon ab:
Ob das Risiko weiterer Anfälle besteht (dies sagt Ihnen Ihr Arzt anhand der Art der Verletzung und aufgrund des EEG).
Ob ein weiterer Anfall eine Gefährdung des Patienten am Arbeitsplatz, im Verkehr oder in seinem Privatleben bedeutet.

Die Frage nach dem Absetzen der antikonvulsiven Medikamente kann sich auch dann stellen, wenn inzwischen mehrere Jahre ohne weitere Anzeichen von Epilepsie vergangen sind. Ganz offensichtlich verringert sich bei manchen Menschen im Laufe der Jahre die Tendenz zu Anfällen. Alles, was auf Epilepsie hindeuten könnte, muß unbedingt genau beobachtet und dem Arzt mitgeteilt werden, damit es bei dieser außerordentlich schwierigen Entscheidung berücksichtigt werden kann.

Sprache

Bei den meisten Menschen wird die Fähigkeit zu sprechen durch die auf der linken Seite liegenden Bereiche des Gehirns gesteuert; werden diese beschädigt, können verschiedene Formen von Sprachstörungen auftreten. Bestimmte Hirnregionen sind für das Verstehen von Sprache zuständig, weiter hinten liegen Bereiche für das Lesen oder Schreiben. Sprechen, Verstehen, Lesen und Schreiben stellen ganz unterschiedliche sprachliche Fähigkeiten dar. In diesem Abschnitt geht es um die Frage, was geschieht, wenn es zu einer Schädigung dieser Sprachzentren kommt.

Die Sprachstörungen werden als Aphasie beziehungsweise Dysarthrie bezeichnet. Im ersten Fall liegen Störungen des Sprachverständnisses oder der Wortfindung vor, während im zweiten Fall die Zunge oder die Stimmbänder nicht mehr in der Lage sind, die Laute einer Sprache zu formen.

Sprachverständnis

Wenn Ihr Angehöriger nach einer Kopfverletzung aus der Bewußtlosigkeit erwacht, ist er möglicherweise verwirrt und kann auf Ihre Fragen nur konfuse, sinnlose Antworten geben. Dies bedeutet jedoch nicht zwangsläufig, daß eine Verletzung der für das Sprachverständnis zuständigen Zentren vorliegt. Naheliegender ist die Vermutung, daß er zu diesem Zeitpunkt noch gar nicht richtig aufgewacht ist und daß er daher wie betrunken wirkt. Eine Unterhaltung mit jemandem, dessen Sprachverständnis gestört ist, gestaltet sich tatsächlich oft ebenso schwierig, wie die mit einem Betrunkenen. Manchmal ist der Patient überhaupt nicht mehr fähig, auf Sprache zu reagieren. Häufiger jedoch hat er Schwierigkeiten zu erfassen, was die verschiedenen Substantive und Verben bedeuten, oder aber es fällt ihm schwer, eine Verbindung zwischen Substantiven und Verben herzustellen.

Es liegt auf der Hand, daß der Patient erst die Fähigkeit wiedererlangt haben muß, sprachliche Äußerungen und Anweisungen zu verstehen, bevor mit anderen Rehabilitationsmaßnahmen begonnen werden kann. Aus diesem Grund hat die intensive Arbeit mit dem Sprachtherapeuten Vorrang. Die anderen Mitglieder des Rehabilitationsteams können ihre Arbeit mitunter erst dann aufnehmen, wenn der Patient die grundlegendsten Kommunikationsvorgänge wieder beherrscht.

Spracherzeugung

Die Fähigkeit zu sprechen, kann durch die verschiedensten Schädigungen in den unterschiedlichsten Bereichen des Gehirns beeinträchtigt sein. Liegt beispielsweise eine Schädigung des Sprechkontrollapparats beziehungsweise der diesen Apparat versorgenden Nerven vor, so ist die Auswahl der Wörter und die Fähigkeit, sie sinnvoll zu kombinieren, nicht betroffen. Es werden also die richtigen Wörter in der richtigen Verknüpfung benutzt. Das Problem besteht darin, den Sprechapparat zur Erzeugung der richtigen Laute zu veranlassen. Es kann dem Patienten aber auch einfach nur an Kraft fehlen, so daß er nur zu flüstern imstande ist. Möglicherweise ist die Fähigkeit, Wörter und Sätze sinnvoll zu betonen, beeinträchtigt und die Sprachmelodie wirkt daher anormal; Manchmal treten auch Störungen bei der Aussprache von Vokalen und Konsonanten auf. Derartige Probleme werden als Dysarthrien bezeichnet und beruhen auf einer gestörten Lauterzeugung. Hier ist nicht die Fähigkeit, Sprache zu verstehen oder zu verwenden, gestört. Für Patienten mit einer schweren Dysarthrie stellt vielfach der Einsatz elektronischer Kommunikationshilfen oder eines Textverarbeitungsgeräts eine Möglichkeit dar, sich ihrer Umgebung mitzuteilen.

Ist es bei einem Patienten mit einer Kopfverletzung dagegen zur Schädigung des Zentrums für die Spracherzeugung gekommen (Aphasie), gestaltet sich seine Situation wesentlich schwieriger. Eine solche Schädigung wird normalerweise sehr schnell bemerkt: In manchen Fällen ist der Patient nicht in der Lage, ein vernünftiges Wort hervorzubringen, obgleich er alle nötigen Sprachlaute einzeln produzieren kann. Manche Patienten gebrauchen eine Vielzahl unsinniger Wörter. Bei anderen sind die Wörter zwar korrekt, aber ihre Anordnung unsinnig. Wiederum andere verwenden nur einige wenige Wörter und im falschen Zusammenhang (oft sind ja und nein die einzig verständlichen Wörter). Manchmal sind Grammatik und Wortstellung in Ordnung, aber die benutzten Wörter unsinnig. Oder der Patient findet die richtigen Substantive nicht, während ansonsten keine Sprachstörung vorliegt. In all diesen Fällen haben die Betroffenen Probleme damit, sich mittels der Sprache verständlich zu machen.

Probleme beim Sprechen gehen vielfach mit Problemen beim Schreiben einher. In diesem Fall kann sich der Patient auch nicht durch handschriftliche oder getippte Äußerungen verständigen. Auf alle Fälle sollten Sie die Ratschläge des Sprachtherapeuten befolgen: Er kann Ihnen sagen, wie Sie dem Patienten helfen können, sich verständlich zu machen, und wie Sie es ihm erleichtern können, Sie zu verstehen.

Zwei Grundregeln gibt es zu beachten, wenn bei kopfverletzten Patienten Sprachstörungen vorliegen. Zum einen bedeutet die Tatsache, daß der Betreffende nicht fähig ist sich auszudrücken, keineswegs, daß er Sie nicht verstehen kann. Verhalten Sie sich daher immer so, als ob er Sie verstünde. Vermeiden Sie die für den Patienten leidvolle Situation, daß sich Besucher in seiner Gegenwart unbedacht äußern. Bedenken Sie, daß er keine Möglichkeit hat, seinem Unmut angemessen Ausdruck zu verleihen.

Zum anderen muß man wissen, daß die gefühlsbetonte Sprache von anderen Bereichen des Gehirns gesteuert wird als das Sprachverständnis und die Spracherzeugung. Unter gefühlsbetonter Sprache sind Äußerungen wie Schimpfen und Fluchen zu verstehen. Da sie von anderen Teilen des Gehirns gesteuert wird, ist sie für den Patienten häufig auch dann noch verfügbar, wenn ansonsten die Fähigkeit zu kommunizieren schwer beeinträchtigt ist. Oftmals sind die Angehörigen und Freunde eines kopfverletzten Patienten verstört, wenn sie von ihm nichts anderes als Schimpfwörter zu hören bekommen. Sie sollten jedoch bedenken, daß der Patient selbst am meisten darunter leidet, sich nicht ausdrücken zu können. Und es ist die tiefe Unzufriedenheit mit seiner eigenen Situation, die in dieser Redeweise zum Ausdruck kommt.

Wenn die Kommunikation Schwierigkeiten macht

Sprechen Sie langsam und deutlich.
Stellen Sie Fragen so, daß sie mit ja oder nein beantwortet werden können.
Verwenden Sie einfache Sätze.
Verhalten Sie sich stets so, als ob der Patient verstünde, was Sie sagen.

Reaktion auf das Lebensumfeld

Wie wir gesehen haben, kann eine Schädigung der Sprachzentren sowohl das Sprachverständnis als auch die Spracherzeugung beeinträchtigen. Entsprechend kann eine Schädigung bestimmter Bereiche der anderen Hirnhälfte auf unsere Fähigkeit zurückwirken, das, was wir sehen, auch zu verstehen, zu interpretieren und angemessen darauf zu reagieren.

Interpretation der Seheindrücke

Von Kindesbeinen an haben wir eine Reihe optischer Fähigkeiten erworben, über die wir nicht mehr nachzudenken brauchen. So sind wir etwa fähig zu erkennen, daß ein quadratischer Tisch quadratisch ist, auch wenn wir ihn aus einem Winkel betrachten, aus dem er wie ein gestauchtes Rechteck aussieht. Auch können wir blitzschnell und ohne langes Nachdenken komplizierte Berechnungen anstellen, um herauszufinden, wie weit ein Gegenstand von uns entfernt ist. Diese Fähigkeit setzen wir nicht nur im Straßenverkehr ein, sei es als Autofahrer oder als Fußgänger, sondern auch, wenn wir unsere Hand nach etwas ausstrecken, um es zu berühren, oder wenn wir Hindernisse überwinden wollen.

Eine Schädigung insbesondere der hinteren Hirnregionen, die den für das Sprachverständnis zuständigen Sektoren gegenüberliegen, kann den Zugriff auf diese automatisierten Fähigkeiten außerordentlich erschweren. In solchen Fällen kann der Patient entweder seine Seheindrücke nicht richtig verarbeiten, oder aber er nimmt Dinge, die er eigentlich gesehen haben müßte, nicht richtig wahr. Schwierigkeiten des Patienten, Gesehenes umzusetzen, zeigen sich zum Beispiel darin, daß er keine Entfernungen einschätzen kann. Dadurch können sich natürlich erhebliche Gefahren für ihn ergeben, nicht nur beim Autofahren. Es ist recht schwierig, das Gehirn so zu trainieren, daß es auf Umwelteindrücke richtig reagiert. Wenn ein Mensch erst einmal das Erwachsenenalter erreicht hat, ist die Fähigkeit Entfernungen einzuschätzen derartig automatisiert, daß er gar nicht mehr zu sagen vermag, wie er das eigentlich anstellt. Entsprechend schwer fällt es dem Patienten, wiederzuerlernen, wie man Gesehenes interpretiert oder auch nur identifiziert.

Oft können Angehörige das Verhalten eines Kopfverletzten nicht begreifen. Für Gesunde ist es offensichtlich, daß der Tisch da steht, wo er steht, und sie können nicht verstehen, warum der Betreffende dem Tisch beim Gehen nicht auszuweichen vermag, oder warum die Tasse zu Boden fällt, wenn er sie auf den Tisch zu stellen versucht. Noch schwieriger ist es für sie zu verstehen, wie jemand etwas nicht sehen kann, das doch ganz offenkundig vorhanden ist. Für gewöhnlich übersehen Patienten mit dieser Art Hirnschaden nur das, was sich auf einer bestimmten Seite von ihnen, zumeist der linken, befindet. Dies liegt aber nicht etwa daran, daß die Augen des Patienten nicht in Ordnung wären. Vielmehr ist jener Bereich des Gehirns gestört, der Seheindrücken einen Sinn zuordnet. Wir wissen das, weil Patienten einen Gegenstand, den sie zuvor übersehen haben, wahrnehmen, sobald wir seine Aufmerksamkeit darauf lenken.

Falls Ihr Angehöriger unter diesen Symptomen leidet, sollten Sie sich stets seiner funktionstüchtigen Seite zuwenden. Dadurch erleichtern Sie ihm, sich auf Sie und das, was Sie sagen, zu konzentrieren. Auch Gegenstände sollten Sie ihm immer auf dieser Seite darbieten.

> Stellen Sie sich auf die funktionstüchtige Seite des Patienten, und sprechen Sie ihn auf dieser Seite an.

Aus therapeutischen Gründen kann es jedoch erforderlich werden, genau das Gegenteil zu tun, das heißt, sich auf die beeinträchtigte Seite zu stellen, damit diese nicht vernachlässigt wird. Darauf aber würde Sie der Therapeut gegebenenfalls hinweisen.

Die Beziehung zur Umwelt

Wie wir im letzten Abschnitt gesehen haben, erschweren es manche Formen von Hirnschäden dem Patienten, das Gesehene zu verstehen oder zu interpretieren. Meist kommt noch hinzu, daß er Dinge falsch oder gar nicht wahrnimmt. Obendrein kann der Patient Probleme damit haben, die Hände richtig zu gebrauchen, im Extremfall ist sogar denkbar, daß die betroffene Hand oder der betroffene Arm überhaupt nicht benutzt werden können. Diese vollständi-

ge Vernachlässigung eines Armes ist nicht etwa auf eine Lähmung zurückzuführen, und auch nicht darauf, daß er ihn einfach nicht bewegen kann. Vielmehr verhält es sich mit dem Arm ganz ähnlich wie mit den Dingen, die der
Patient zwar sehen kann, auf die er aber nicht reagiert. Dies kann für die
Familie zum Ärgernis werden – beispielsweise dann, wenn der Kopfverletzte
die betroffene Körperseite unbekleidet läßt oder nur mit einem Bein in seinem Schlafanzug beziehungsweise nur mit einem Arm in seinem Pullover
steckt. Zum Glück besteht dieses Problem in den meisten Fällen nur für eine
kurze Zeit nach dem Unfall.

Die Probleme des Patienten, den Arm dazu zu bringen, sich richtig zu
bewegen, können hingegen länger bestehen. So kann er Schwierigkeiten im
Umgang mit Schere, Messer oder Gabel haben, da dies eine hohe Koordinationsfähigkeit der Hand oder das Zusammenspiel beider Hände erfordert. In
diesem Fall sollten Sie Ihrem Angehörigen mehr Zeit zur Erledigung derartiger Arbeiten lassen. Niemals sollten Sie ihm jedoch eine solche Aufgabe
abnehmen; er wird ohnedies schon ein schlechtes Gefühl haben, weil er sich
so ungeschickt anstellt, und Sie sollten sein Selbstvertrauen nicht noch zusätzlich untergraben. Vielleicht fällt Ihnen das leichter, wenn Sie sich daran
erinnern, daß sich sein Zustand nur dann bessern kann, wenn ihm Gelegenheit gegeben wird, möglichst viel selbst auszuprobieren.

Geschmackssinn, Geruchssinn, Temperaturempfinden

Geschmackssinn und Geruchssinn

Diese beiden Sinne sollen hier gemeinsam behandelt werden, da sie eng
miteinander verbunden sind. Sie werden häufig gleichzeitig geschädigt, und
sie regenerieren sich auch gleichzeitig wieder. Es sind vor allem zwei Faktoren, die ein Essen zum Genuß machen: der appetitanregende Geruch beim
Kochen sowie der köstliche Geschmack beim Verzehr. Nicht riechen und
nicht schmecken zu können, stellt daher eine erhebliche Beeinträchtigung
dar. Die Nerven, die zu den Geschmackszellen auf der Zunge führen, und die
Zellen in der Nase, durch welche die Wahrnehmung von Gerüchen übertragen wird, sind nach einer Kopfverletzung häufig für einige Zeit nicht voll
funktionsfähig. Falls dies auf ein Hämatom oder auf eine Quetschung im
Gehirn zurückgeht, kehrt die Fähigkeit des Schmeckens und Riechens zurück, sobald sich die in Mitleidenschaft gezogenen Nervenzellen erholt haben. Das kann aber Wochen oder Monate dauern.

Sind die Nervenstränge jedoch zerrissen, kann mit einer Verbesserung
nicht mehr gerechnet werden. In diesem Fall muß der kopfverletzte Patient
lernen, sich so zu verhalten, daß mögliche Gefahren für ihn ausgeschlossen

sind. Sein Arzt wird ihm erklären, was er vermeiden sollte (zum Beispiel die Verwendung gewisser Farben und Lacke in ungelüfteten Räumen), und der Ergotherapeut wird ihm beibringen, wie alltägliche Verrichtungen gefahrlos erledigt werden können (zum Beispiel beim Kochen einen Wecker zu stellen, damit der Betroffene merkt, wann das Essen fertig ist).

Manchmal schmecken Speisen für den Patienten nach einer Kopfverletzung plötzlich anders, auch wenn Geschmacks- und Geruchssinn voll funktionstüchtig sind. So ist es denkbar, daß er auf einmal keinen Kaffee mehr mag, oder daß er eine Vorliebe für Süßes oder eine andere Art von Speisen entwickelt. Dies kann damit zusammenhängen, daß die Geschmacks- und Geruchsnerven jetzt auf andere Art und Weise funktionieren. Wahrscheinlicher ist jedoch, daß Veränderungen in den entsprechenden Zentren im Gehirn dafür verantwortlich sind.

Temperaturempfinden

In Kapitel 2 haben wir darauf hingewiesen, daß der Hirnstamm für diejenigen Körperfunktionen zuständig ist, die nicht willentlich beeinflußt werden können, wie zum Beispiel das Temperaturempfinden. Nach einer Verletzung des Hirnstammes kann es vorkommen, daß die Temperaturempfindung nicht mehr richtig funktioniert. Manchmal ist es den Patienten selbst im Hochsommer ungewöhnlich kalt; sie benötigen elektrische Heizdecken oder Heizlüfter, während andere sich über die Hitze beklagen. Oder sie ziehen sich winterlich an, während andere Leute nur leicht bekleidet sind. In den meisten Fällen zeigt der Körper durch das ungewöhnliche Frieren an, daß er müde ist.

Eine Störung der Temperaturempfindung kann sich auch in einem Gefühl ungewöhnlicher Hitze äußern. Auch in diesem Fall hängt das Ausmaß des Phänomens offenbar vom Grade der Ermüdung ab. Abgesehen davon, daß Ihr Angehöriger in der Öffentlichkeit vielleicht Aufsehen erregt, weil seine Bekleidung nicht der Jahreszeit angemessen ist, hat diese Störung nichts Bedrohliches oder Besorgniserregendes an sich. Überlassen Sie es dem Patienten, sich so zu kleiden und zu verhalten, daß er sich in seiner Umgebung wohl fühlt.

Fallgeschichten

Michael

Obgleich das Hämatom die für die Sprache zuständigen Hirnregionen in Mitleidenschaft gezogen hatte, konnte Michael die meiste Zeit recht gut sprechen und verstehen. Wenn er müde war, wurde jedoch deutlich, welcher Teil des Gehirns verletzt worden war. Dann nämlich verwechselte er Wörter und konnte manchmal nicht das sagen, was er sagen wollte. Das Rehabilitationsteam hatte seine Eltern bereits darauf vorbereitet und auch darauf hingewiesen, daß selbst kleine Mengen Alkohol seine Sprache beeinträchtigen könnten. Daher sollte er möglichst überhaupt keine alkoholischen Getränke zu sich nehmen. Michaels Vater erinnerte ihn ständig an diese Empfehlung, und er selbst trank in Michaels Gegenwart keinen Alkohol. Als Michaels Freundin Geburtstag hatte, luden einige befreundeten Studenten die beiden zur Feier in ein Lokal ein. Im Laufe des Abends vergaßen Michaels Freunde allerdings ihr Versprechen, ihm keinen Alkohol einzuschenken. Michael trank ein oder zwei Gläser Bier. Die Feier nahm für ihn ein jähes Ende, als er völlig betrunken zu sein schien und der Geschäftsführer schließlich darauf bestand, daß er das Lokal verläßt.

Unversehens waren Michaels Freunde wieder stocknüchtern. Es war ihnen klar, daß sie Michael in diesem Zustand nicht zu seinem Vater zurückbringen konnten. Daher legten sie ihn bei einem der Studenten auf eine Couch, damit er seinen Rausch ausschlafen konnte. Während sie ihre Party fortsetzten, begann er zu ihrem Entsetzen zu zucken und zu zittern und verlor überdies auch die Kontrolle über seine Blase. Der Alkohol hatte, wie das oftmals vorkommt, einen Anfall ausgelöst.

Katrin

Katrin hatte weiterhin kein Interesse an Puzzlespielen und Malbüchern. Doch erst als ihre Mutter sie einmal mit in die Stadt nahm, wurde ihr bewußt, daß Katrin nicht mehr wie vor ihrem Unfall Geschehnisse richtig einordnen konnte. Ganz deutlich wurde dies, als sie eine verkehrsreiche Straße überqueren wollten. Katrin war ganz durcheinander und weigerte sich, die Straße zu überqueren, solange ein Auto in Sicht war. Sie behauptete steif und fest, das Auto sei zu nahe, auch wenn es offensichtlich noch weit genug entfernt war. Schließlich blieb Katrins Mutter nichts anderes übrig, als einen Umweg zu machen und die Straße auf einem Zebrastreifen zu überqueren, der mit einer Ampel gesichert war.

Nach dieser Erfahrung nahm sie sich viel Zeit, um mit Katrin all die Puzzles und sonstigen Spiele zu machen, die ihr Schwierigkeiten bereiteten.

Der Hauptgrund, weshalb sie das nicht schon vorher getan hatte, war nicht so sehr Zeitmangel gewesen, sondern Katrins Ungehaltenheit und ihre Tobsuchtsanfälle, wenn ihre Mutter versucht hatte, sie zu derlei Beschäftigungen zu bewegen. Sie vereinbarte einen Termin mit den Therapeuten und erklärte ihnen die Probleme. Eine befreundete pensionierte Lehrerin erklärte sich bereit, mit Katrin diese Spiele zu machen. Zunächst lehnte sich Katrin dagegen auf, dann machte sie aber doch mit und wurde tatsächlich im Laufe der Zeit etwas geschickter.

Arnold

Arnold war sehr verunsichert, weil sein Temperaturempfinden gestört war. Als er feststellte, daß es nicht von seiner Umgebung abhing, wie warm oder kalt ihm war, sondern von seiner Müdigkeit, glaubte er, endgültig den Verstand zu verlieren. Wenn er müde war, konnte es ihm an einem heißen Sommertag so kalt sein wie im tiefsten Winter. Manchmal konnte er nicht anders, als sich ins Bett zu legen und die Heizdecke auf die höchste Stufe zu stellen. Wenn er dann aufwachte, war ihm unangenehm heiß, bis er wieder müde wurde und das Ganze von vorne anfing.

Nachdem ihm sein Arzt erklärt hatte, daß nach einer Kopfverletzung die Regulation der Körpertemperatur zuweilen Probleme bereitet, machte er sich nicht mehr so viele Gedanken darüber. Als seine Tochter ihn an einem Sommerabend besuchte und ihn winterlich eingemummt fand, glaubte sie, er habe sich eine Krankheit zugezogen. Es bedurfte eines Anrufs beim Arzt, um sie davon zu überzeugen, daß ihre Sorgen völlig unbegründet waren.

7. Die Bedürfnisse spezieller Patientengruppen

Wie ein Blick auf die Statistik zeigt, handelt es sich bei über 50 Prozent aller Kopfverletzten um junge Männer im Alter zwischen 17 und 25 Jahren. Ihre Verletzungen haben sie sich in aller Regel bei einem Verkehrsunfall zugezogen. Daneben treten Schädel-Hirn-Verletzungen am häufigsten bei Kindern im Vorschulalter auf, die aus dem Fenster gestürzt, auf der Treppe ausgerutscht oder von Geräten auf dem Spielplatz gefallen sind. Aber auch ältere Menschen sind besonders gefährdet; sie verletzen sich zumeist bei einem Sturz in den eigenen vier Wänden. Bei allen Patientengruppen können die in Kapitel 5 beschriebenen Schwierigkeiten auftreten, darüber hinaus jedoch gruppenspezifische Probleme, die im folgenden Kapitel behandelt werden. Bedenken Sie aber bei der Lektüre dieses Kapitels, daß jeder Fall anders gelagert ist: Nicht alle betroffenen Kinder haben die im folgenden beschriebenen Probleme, und nicht alle alten Menschen haben gleichermaßen große Schwierigkeiten, mit den Folgen einer Kopfverletzung fertig zu werden.

Kopfverletzungen bei Kleinkindern

Bei Kleinkindern treten nach einer Kopfverletzung aus vielen Gründen besondere Probleme auf. Zum einen ist es für sie schwierig, zu begreifen, was mit ihnen passiert ist, und ihren Eltern mitzuteilen, wie sie sich fühlen. Möglicherweise befinden sich Wörter wie Kopfschmerzen oder schwindlig nicht in ihrem Wortschatz.

Erwachsene haben nach einer Kopfverletzung häufig Schwierigkeiten mit der Selbstkontrolle, was sich in körperlicher Aggression äußern kann. Ein Kleinkind dagegen ist gerade erst dabei, Selbstkontrolle zu erlernen, so daß es nicht verwunderlich ist, wenn es nach einem Unfall häufig Tobsuchtsanfälle bekommt und dabei sich selbst oder andere verletzt. Ein solches Verhalten zeigt sich insbesondere dann, wenn das Kind müde wird. Eltern sollten daher unbedingt dafür sorgen, daß das Kind ausreichend Gelegenheit bekommt, sich auszuruhen. Sie sollten ihr Kind sehr genau beobachten und es zu Bett bringen, sobald sich Anzeichen von Gereiztheit zeigen. Darüber hinaus empfiehlt es sich, durch möglichst unterschiedliche Aktivitäten das Interesse des Kindes aufrechtzuerhalten und ihm Gelegenheit zu geben, seine

Gereiztheit durch körperliche Anstrengungen abzureagieren, beispielsweise indem es auf einem Trampolin herumhopsen kann.

Die Eltern werden auch feststellen, daß die Pflege eines kopfverletzten Kleinkindes praktisch eine Überwachung rund um die Uhr erforderlich macht und somit die Leistungsfähigkeit eines Einzelnen übersteigt. Falls der Genesungsprozeß des Kindes einen längeren Zeitraum in Anspruch nimmt, sollten die Eltern Verwandte oder Freunde um Hilfe bitten, damit ihnen auch etwas Zeit für sich selbst und für die anderen Kinder bleibt.

Eine Kopfverletzung im Vorschulalter stellt insofern ein besonderes Problem dar, als in diesem Alter eine sehr große Zahl von Lernprozessen stattfindet. Im Alter von drei bis vier Jahren haben Kinder nicht nur das Laufen und eine gewisse Fingerfertigkeit gelernt, sondern sie können auch einfache Dinge sprachlich zum Ausdruck bringen. Darüber hinaus können sie erkennen, was sie sehen, und einfache Vergleiche anstellen. All diese Fähigkeiten setzen ein gutes Gedächtnis voraus, welches durch eine Kopfverletzung erheblich beeinträchtigt werden kann.

Was bedeutet dies nun für das Kind? Zum Glück bleiben in den meisten Fällen die bereits erworbenen Fähigkeiten erhalten. Allerdings könnte das Kind aufgrund von Müdigkeit und Gereiztheit Schwierigkeiten haben, diese Fähigkeiten zu nutzen. Es könnte vom Zeitpunkt des Unfalls an erhebliche Probleme damit haben, auf bereits erworbene Fähigkeiten aufzubauen, so daß es langsamer lernt als seine Altersgenossen. Dabei handelt es sich um einen kumulativen Vorgang, das heißt, die negativen Auswirkungen verstärken sich zunehmend. Hat sich der Unfall beispielsweise zu einer Zeit ereignet, als das Kind gerade Formen und Winkel zu unterscheiden lernte, so wird es ihm in der Folgezeit natürlich Schwierigkeiten bereiten, Buchstaben unterscheiden zu können. Wenn das Kind dadurch aber schon Schwierigkeiten hat, überhaupt lesen zu lernen, so wird es sich erst recht auf der nächsten Stufe der Entwicklung schwer tun.

Kleinkinder

Können Schwierigkeiten bei der Schilderung ihrer Beschwerden haben.
Können vielleicht ihre Gereiztheit nicht kontrollieren.
Können unruhig und aggressiv werden.
Können Lernschwierigkeiten haben.
Können hinter ihre Altersgenossen zurückfallen.

Wie können Sie Ihrem Kind helfen? Ein Hinweis ergibt sich aus dem, was im Anschluß an eine Sprachstörung geschieht. Auch wenn sie anfangs selbst nicht mehr sprechen können, verstehen doch die meisten Kinder, was zu ihnen gesagt wird, und fangen dann auch bald wieder selbst zu sprechen an.

Zum einen ist das Gehirn des Kleinkindes noch nicht so „spezialisiert" wie das eines Erwachsenen. Daher kann es im Kindesalter offensichtlich eher vorkommen, daß andere Hirnbereiche die Steuerung der Sprache übernehmen. Zum anderen kann der Wiedererwerb der Sprache dadurch bedingt sein, daß das Kind nach seinem Unfall unentwegt Gelegenheit hat, das Zuhören zu üben. Eltern und Bekannte lesen dem Kind bereitwillig Geschichten vor, weil es gerade erst aus dem Krankenhaus entlassen wurde. Außerdem hört es die Familienmitglieder ständig miteinander sprechen. Wie bereits erwähnt, stellen Wiederholungen die Grundlage aller Rehabilitationsbemühungen dar. Daher wirkt es wie eine informelle Rehabilitationsmaßnahme, wenn ein hirnverletztes Kind ständig Sprache hört.

Möglicherweise können Kinder auch andere verlorengegangene Fertigkeiten in ähnlicher Weise, also durch ständige Wiederholung, wiedererlernen. Viele Kinderspiele und sonstige Tätigkeiten sind gute Seh- oder Wahrnehmungsübungen. Fragen Sie die Kindergärtnerin oder den Ergotherapeuten Ihres Kindes, welche Spiele sich dafür besonders eignen.

Kopfverletzungen bei Schulkindern

Auch wenn das ältere Kind bereits über die zum Lesen und Schreiben notwendigen sprachlichen und visuellen Fähigkeiten verfügt, stellen Funktionsstörungen des Gedächtnisses eine erhebliche Behinderung dar. Sie verlangsamen Lernprozesse, was sich für ein hirnverletztes Kind vor allem in der Schule negativ auswirkt. Aus Erfahrung wissen wir, daß einem solchen Kind neue Schulfächer, wie etwa neue Fremdsprachen, Probleme bereiten können. Aus diesem Grund könnte es sinnvoll sein, zum Beispiel mit dem Französischunterricht abzuwarten, bis das Gedächtnis etwas besser funktioniert. Wir wissen auch, daß sich ein Kind nach einer schweren Kopfverletzung häufig nicht an Teile des früheren Unterrichtsstoffes zu erinnern vermag (der Grund hierfür ist die in Kapitel 5 beschriebene „retrograde Amnesie"). Es wäre ungerecht, von Kindern erwarten zu wollen, eine höhere Stufe der Mathematik zu erlernen, wenn sie sich an die hierzu notwendigen Grundlagen nicht erinnern können. In diesem Fall muß man die höhere Mathematik zurückstellen und erst die nicht mehr verfügbaren Grundlagen wiederholen.

Es sind jedoch nicht nur die Lernschwierigkeiten an sich, die einem Kind nach einer Kopfverletzung zu schaffen machen, auch das Lernumfeld in einer Klasse mit bis zu 30 Schülern stellt ein Problem dar. Da ein hirnverletztes Kind ohnehin an Konzentrationsschwäche leidet, wird es ihm schwerfallen, seine Aufmerksamkeit dem Unterricht zuzuwenden und die vielen Ablenkungen im Klassenzimmer zu ignorieren. Außerdem wird es wahrscheinlich länger brauchen als die anderen Kinder, um Aufgaben zu erledigen. Es wird schneller ermüden; und wenn es erst einmal müde ist, läßt seine Aufmerksamkeit weiter nach. Es wird vermutlich unruhig und läuft Gefahr, als verhaltensgestört abgestempelt zu werden. Denn es ist relativ leicht nachzuvollziehen, daß ein Kind in diesem Fall von seinen Mitschülern und Lehrern schnell als ungezogen beziehungsweise dumm angesehen wird. Das gilt auch, wenn seine Leistungen vor dem Unfall durchschnittlich, vielleicht sogar überdurchschnittlich waren. Leider können Kinder sehr direkt und verletzend auf Altersgenossen reagieren, die in irgendeiner Weise anders sind. Dem kopfverletzten Kind ist es oft nicht möglich, das Etikett des „Dummchens" loszuwerden, das ihm in dieser Phase angeheftet wird. Es ist zwar für das Kind wichtig, den Kontakt zu Gleichaltrigen zu halten, man muß jedoch sorgfältig prüfen, ob es diesen Kontakt bereits wieder aufnehmen kann, ohne dabei das Selbstvertrauen zu verlieren. (Das Problem der Rückkehr in die Schule nach einer Kopfverletzung wird in Kapitel 9 ausführlicher behandelt.)

Eltern und Erzieher können Ausdauer und Belastbarkeit ihrer Kinder zuweilen besser einschätzen als die Rehabilitationstherapeuten, die oft nur wenige Stunden in der Woche mit dem Kind zusammenarbeiten. Die Entscheidung, ob ein Kind wieder zur Schule gehen kann, hängt von mehreren Faktoren ab. Was kann das Kind leisten, bevor es ermüdet? Wie gut funktioniert sein Gedächtnis? Wie schnell sind die Reaktionszeiten, und wie steht es um die Konzentrationsfähigkeit? All diese Fragen lassen sich durch das Gutachten eines erfahrenen Rehabilitationsspezialisten beantworten. Dieses Gutachten sollte als Grundlage für die Entscheidung dienen, ob das betreffende Kind wieder am Unterricht teilnehmen kann. Es ist nochmals zu betonen, daß die Fortsetzung der Ausbildung weder zu früh erfolgen noch zu sehr hinausgezögert werden darf.

Wie steht es nun aber mit einem Kind, das bereits vor dem Unfall Probleme in der Schule hatte? Es läßt sich nur schwer vorhersagen, ob das Kind infolge der Kopfverletzung noch größere Schwierigkeiten in der Schule bekommen wird. Wenn die Kopfverletzung schwerwiegend war, wird der Arzt Sie vermutlich auf eine zu erwartende Leistungsverminderung Ihres Kindes hinweisen. Auf alle Fälle sollten Sie sich, was die Fortsetzung der Ausbildung Ihres Kindes anbelangt, eingehend beraten lassen. Nach Möglichkeit sollte das Kind in seine alte Schule zurückkehren und von seinen alten Lehrern unterrichtet werden.

Bisher war vor allem von jenen Problemen die Rede, die ein älteres Schulkind mit Lernprozessen und mit der Fortsetzung der Ausbildung haben kann. Doch die Zeit steht nicht still, und im Laufe der Monate und Jahre wachsen die jüngeren Geschwister heran. Sie entwickeln sich weiter, wobei sie das unter den Unfallfolgen leidende Kind häufig sowohl in Hinblick auf soziale Fähigkeiten als auch auf schulische Leistungen überflügeln. Ein kopfverletzter Jugendlicher mag noch so selbstsicher erscheinen und noch so gut mit seiner Situation umzugehen gelernt haben, es wird ihn bekümmern, wenn ein jüngerer Bruder vor ihm eine Freundin findet oder im Sport Erfolge feiert, die ihm selbst aufgrund seiner Verletzung versagt bleiben. Möglicherweise ist Ihnen schon früher einmal eine Beratung angeboten worden, die Ihnen und Ihrem Kind helfen sollte, mit den Auswirkungen der Kopfverletzung fertigzuwerden. Möglicherweise blieb der Erfolg solcher Beratungen sehr gering. Lassen Sie sich dadurch nicht entmutigen, denn manchmal ist es sinnvoll, solche Beratungsgespräche zu einem späteren Zeitpunkt zu wiederholen, da der Jugendliche inzwischen vielleicht zugänglicher geworden ist. Dies könnte vor allem dann der Fall sein, wenn bestimmte Ereignisse eine Konfrontation mit dem wahren Ausmaß der Unfallfolgen bewirkt haben, beispielsweise wenn er feststellen mußte, daß seine jüngeren Geschwister Dinge tun können, die seine eigenen Fähigkeiten übersteigen.

Es ist sinnvoll, den Angehörigen, aber auch den Freunden und Lehrern etwa alle sechs Monate Beratungsgespräche anzubieten oder zumindest konkrete Empfehlungen zu geben. Kurz nach dem Unfall braucht keiner von ihnen an die Folgen für den Patienten erinnert zu werden, doch nach einer gewissen Zeit sind unfallbedingte Beeinträchtigungen häufig nicht mehr so offensichtlich. Hin und wieder kann man Sätze hören, wie „Aber der Unfall ist doch schon Jahre her, eigentlich müßte er sich doch inzwischen erholt haben", wenn davon die Rede ist, daß der Betreffende noch immer nicht den normalen Anforderungen des Alltags gewachsen ist. Viele Angehörige erwarten, daß die Genesung bei jedem Menschen nach dem gleichen Muster abläuft. Wie wir im nächsten Kapitel sehen werden, können sie sich oftmals nur sehr schwer an die Vorstellung gewöhnen, daß das Ausmaß und der zeitliche Verlauf der Genesung nicht genau vorhersehbar sind. Regelmäßige Beratungsgespräche können es den Eltern auch erleichtern, mit Problemen umzugehen, die erst dann auftreten, wenn ihr behindertes Kind ins Jugendalter kommt.

Kopfverletzungen bei älteren Menschen

Wenn Menschen ein gewisses Alter erreicht haben, stellen sie vielfach fest, daß sie vergeßlicher, etwas langsamer und vielleicht nicht mehr ganz so erfolgreich sind wie in ihrer Jugend. Sie wissen zwar genau, daß sie im Hinblick auf Urteilskraft und Erfahrung ihren Höhepunkt erreicht haben, sie werden sich aber wohlweislich davor hüten, mit einem jüngeren Menschen in Konkurrenz zu treten, wenn es gilt, schnelle Entscheidungen zu treffen. Dies sind unausweichliche und ganz natürliche Begleiterscheinungen des Alterns. Somit hat ein älterer Mensch unter Umständen auch schon vor einem Unfall einige der Auswirkungen gespürt, die eine Kopfverletzung mit sich bringt. Es überrascht daher nicht, daß ein solcher Patient für gewöhnlich stärker durch seine Verletzungen beeinträchtigt ist, länger braucht, um sich zu erholen, und eine weniger vollständige Genesung erlebt als ein Zwanzig- oder Dreißigjähriger. Dabei ist der Betreffende oftmals in einem Alter, in dem er sich aufgrund seiner langjährigen Erfahrung häufig auf dem Höhepunkt seiner beruflichen Laufbahn befindet.

Im Arbeitsleben eine bedeutende Position erreicht zu haben, kann für einen Kopfverletzten hilfreich, aber auch belastend sein. Unter Umständen beharrt der Patient darauf, daß er es sich nicht leisten könne, der Arbeit fernzubleiben, da er unentbehrlich sei. Überdies kann er fürchten, seine Position an jüngere Mitarbeiter zu verlieren, wenn er zu lange krankgemeldet ist. Dadurch wird er vielleicht früher an seinen Arbeitsplatz zurückkehren wollen als es seine Leistungsfähigkeit erlaubt. Und möglicherweise wird er eben deshalb scheitern. Für seine Angehörigen bedeutet dies eine ungeheure Belastung: Plötzlich müssen sie Vater oder Mutter darauf hinweisen, daß sie ihrer Arbeit, der sie vielleicht schon ein Vierteljahrhundert nachgehen, nun nicht mehr gewachsen sind. Wenn sich obendrein der Betreffende, wie es aufgrund der Verletzung häufig der Fall ist, uneinsichtig zeigt, sehen sich die Angehörigen auch noch mit der Aufgabe konfrontiert, aus diesem Starrsinn resultierende Fehler ausbügeln und eingetretene Schäden bereinigen zu müssen.

Wenn Ihr kopfverletzter Angehöriger oder Freund zu einer der hier besprochenen Altersgruppen gehört, werden Sie inzwischen wissen, daß Sie mindestens ebenso viel Hilfe und Unterstützung brauchen wie der Betroffene selbst. Zwar mag Ihr Stolz Sie daran hindern, um Unterstützung zu bitten oder sich vor Ihren Verwandten und Bekannten anmerken zu lassen, wie sehr der Patient sich verändert hat. Falls Sie jedoch die Möglichkeit haben, professionelle Hilfe in Anspruch zu nehmen, sollten Sie dies unbedingt tun; vielen fällt es leichter, sich einem Außenstehenden anzuvertrauen.

Wie bereits erwähnt, kann der Umstand, daß sich der Patient auf dem Höhepunkt seiner beruflichen Laufbahn befindet, auch Vorteile haben. Wahrscheinlich hat er gewisse Strategien entwickelt, um die im Laufe der Jahre natürlicherweise zunehmende Verschlechterung des Gedächtnisses wettzumachen; vielleicht verwendet er ein Notizbuch, einen Kalender oder andere Gedächtnisstützen, von denen in Kapitel 5 bereits die Rede war. Ein weiterer Vorteil ist darin zu sehen, daß sich der Betreffende häufig in einer Position in seinem Betrieb befindet, die es ihm erlaubt, als Ratgeber oder Mentor zu wirken und sich seine Arbeitszeit seiner Leistungsfähigkeit entsprechend selbst einzuteilen. Vorausgesetzt, er ist sich seiner Einschränkungen bewußt, kann er seine Lebensweise so ändern, daß die Anforderungen, die er an sich selbst stellt, seinen jeweiligen Möglichkeiten angemessen sind.

In manchen Fällen kann es sich durchaus empfehlen, vorzeitig aus dem Arbeitsleben auszuscheiden. Die dadurch gewonnenen Jahre können dazu genutzt werden, sich einem Hobby oder einer anderen Tätigkeit zuzuwenden, für die bisher nie genügend Zeit war. Oftmals ist es besser zu akzeptieren, daß die Jahre der Berufstätigkeit vorüber sind, als sich für eine Rückkehr ins Berufsleben abzumühen, wenn diese lediglich mit Frustrationen und Enttäuschungen verbunden ist. Als Betreuer kommt Ihnen in dieser Phase eine besonders wichtige Rolle zu. Sie müssen ebenfalls akzeptieren, daß es sich hierbei um einen positiven Schritt handelt, der für Ihr eigenes Leben und das des kopfverletzten Patienten eine wesentliche Entlastung bedeutet.

> Der ältere Mensch hat nach einer Kopfverletzung weniger Chancen, sich so schnell und so vollständig zu erholen wie ein jüngerer Mensch.

Bisher war von älteren Menschen die Rede, die zum Zeitpunkt ihres Unfalls noch im Berufsleben stehen. Aber auch für Menschen, die bereits im Ruhestand sind, bringt die Hirnverletzung Veränderungen der Lebensweise mit sich, die vielfach eine Einschränkung ihrer Unabhängigkeit bedeuten. Wenn Ihr Angehöriger oder Freund alleine lebt, und seine Gedächtnis- und Konzentrationsprobleme ein Risiko darstellen, so daß Sie beispielsweise befürchten, er könnte aus Unachtsamkeit seine Wohnung in Brand setzen, dann müssen unbedingt Vorkehrungen zu seiner Sicherheit getroffen werden. Möglicherweise gestatten es Ihre eigenen Lebensumstände, Ihren Angehörigen oder Freund bei sich aufzunehmen. In diesem Fall sollten Sie jedoch nicht vergessen, daß ein älterer Mensch sich weder so schnell noch so vollständig wie ein jüngerer erholen wird, so daß aus einer solchen Übergangslösung leicht ein Dauerzustand werden kann.

Kopfverletzungen bei psychisch Kranken

Psychisch kranke Menschen können genau wie jeder andere ein Schädel-Hirn-Trauma erleiden. Allerdings wird ihnen die Kopfverletzung noch größere Probleme bereiten als anderen Menschen.

Die eher allgemeinen Auswirkungen einer Kopfverletzung, wie Müdigkeit, verringerte Konzentrationsfähigkeit, Aggressionen und Stimmungsschwankungen, können den Folgen einer psychischen Krankheit sehr ähnlich sein. Jedoch machen einem psychisch Kranken die eher spezifischen Auswirkungen eines Schädel-Hirn-Traumas, wie Kopfschmerzen und Schwindel sowie Beeinträchtigungen der Beweglichkeit, der Sprache und des Denkens, in aller Regel weitaus mehr zu schaffen. Außerdem können bestimmte Folgen der Kopfverletzung, wie zum Beispiel Schlafstörungen, die psychische Erkrankung noch verschlimmern. Desweiteren verlangsamen Psychopharmaka häufig die Reaktionszeiten und verschlechtern die Konzentrationsfähigkeit. Die

Untersuchungen zur Einschätzung der geistigen Funktionsfähigkeit können deshalb zu Fehleinschätzungen führen. Es kann daher äußerst schwierig sein zu unterscheiden, welche der beiden Erkrankungen für die Symptome eines psychisch kranken Kopfverletzten verantwortlich sind. Da Sie als Angehöriger ihn besser kennen als das Rehabilitationsteam, können Sie eventuell entscheidende Informationen beisteuern, beispielsweise indem Sie Veränderungen in seinem Verhalten schildern, beziehungsweise darauf hinweisen, welche Beeinträchtigungen bereits vor dem Unfall bestanden. Auch können Sie oft besser beurteilen, auf welche Behandlungsformen er anspricht. Schließlich wissen Sie aus Erfahrung, was es beim Umgang mit ihm zu beachten gilt.

Wenn Sie jemanden versorgen, der sowohl an einer psychischen Erkrankung als auch an einer Kopfverletzung leidet, sollten Sie auf alle Fälle jede nur mögliche Hilfe in Anspruch nehmen. Versuchen Sie, jemanden zu finden, der den Patienten stundenweise betreuen kann, so daß Sie für sich selbst und die anderen Familienangehörigen Zeit gewinnen. Außerdem wird es Ihnen sicher guttun, mit Leuten zu spechen, die in ihrer Familie ähnliche Probleme hatten. Hierzu können Sie sich entweder an eine Selbsthilfegruppe für Kopfverletzte wenden, oder aber an eine für psychisch Kranke.

Kopfverletzungen bei Drogenabhängigen

Ähnlich wie bei einem psychisch Kranken ist es auch bei einem Drogenabhängigen schwierig festzustellen, welche Auswirkungen das Schädel-Hirn-Trauma hat. Falls der Patient über längere Zeit hinweg Drogen oder Alkohol genommen hat, kommt erschwerend hinzu, daß er vermutlich schon vor dem Unfall einen Hirnschaden davongetragen hat. Daher wird er sich, ähnlich wie der ältere Patient, voraussichtlich nicht so schnell und so vollständig erholen wie ein Kopfverletzter ohne diese Vorgeschichte.

Oftmals hat ein Drogenabhängiger schon vor dem Unfall mit seiner Familie gebrochen. Dennoch fühlen sich Eltern oder Partner vielfach für seine Betreuung verantwortlich. Manchmal betrachten sie den Unfall auch als Möglichkeit für einen Neuanfang, was allerdings in aller Regel scheitert.

Solange sich der Patient nach seiner Kopfverletzung noch in der Erholungsphase befindet, sind ihm die Strapazen einer Entziehungskur nicht zuzumuten. Aus Kapitel 5 wissen Sie, daß es um die Konzentrationsfähigkeit zu diesem Zeitpunkt häufig schlecht bestellt ist. Zumeist ist der Patient gereizt, unruhig und aggressiv, und er hat Schwierigkeiten, die Gegenwart von mehr als einem Menschen zu ertragen. Außerdem ist seine Merkfähigkeit stark beeinträchtigt, so daß er sich oft nicht mehr an die letzte Therapiestunde erinnern kann. Vermutlich fehlt es ihm zudem an der Fähigkeit zur Selbstkontrolle, weshalb er für sein Verhalten nicht verantwortlich gemacht werden kann. In Anbetracht all dieser Umstände wäre es unrealistisch zu erwarten, ihn jetzt, da er sich wieder in Ihrer Obhut befindet, von seiner Sucht abbringen zu können. Überdies ist kaum damit zu rechnen, daß die Genesung ebenso verläuft wie bei anderen Kopfverletzten, da er wahrscheinlich an Entzugserscheinungen und anderen unangenehmen Nebeneffekten leiden wird. Es ist daher besonders wichtig, ihm in diesem Stadium des Genesungsprozesses eine fachgerechte Hilfe zuteil werden zulassen.

Bei Drogenabhängigen ist aufgrund der Lebensumstände das Risiko von Stürzen, gewalttätigen Auseinandersetzungen und Verkehrsunfällen extrem hoch. Leider bestehen oft nur geringe Erfolgsaussichten für eine Rehabilitation. Auch in diesem Zusammenhang sollten Sie sich um professionelle Hilfe bemühen: Ein Beratungsgespräch kann Ihnen vielleicht helfen, sich damit abzufinden, daß Ihre Hilfe aller Voraussicht nach nicht ausreichen wird, um den Drogenabhängigen zu einer Änderung seines Drogenkonsums zu bewegen.

Die bisher genannten Patientengruppen – Kinder, ältere Menschen, psychisch Kranke und Drogenabhängige – machen lediglich die Hälfte aller Kopfverletzten aus. Bei den meisten Schädel-Hirn-Verletzten handelt es sich um erwachsene junge Männer. Obgleich eine Kopfverletzung bei jedem Patienten potentiell die gleichen körperlichen und intellektuellen Beeinträchtigungen bewirkt, hängen die Auswirkungen auch von seiner sozialen Rolle ab.

Kopfverletzungen bei Frauen

Selbst im letzten Jahrzehnt des zwanzigsten Jahrhunderts sind trotz Feminismus und Gleichberechtigung die Erwartungen an die beiden Geschlechter bisweilen sehr unterschiedlich. Sätze wie „Ein großer Junge weint doch nicht, nur kleine Mädchen weinen" spielen in der Erziehung noch häufig eine wichtige Rolle. Hat eine Frau eine Schädel-Hirn-Verletzung erlitten, so werden ihre durchaus begründeten Klagen über Kopfschmerzen und Müdigkeit im Familien- und Bekanntenkreis oft weniger ernst genommen als bei einem Mann. Sie wird feststellen müssen, daß Gefühlsschwankungen und häufiges Weinen zumeist auf ihr Geschlecht und nicht auf ihre Kopfverletzung zurückgeführt werden. Schlimmer noch, sie mag dies vielleicht sogar selbst glauben. Dann könnte sie den Eindruck gewinnen, sie habe zusätzlich zur Kopfverletzung einen Nervenzusammenbruch erlitten. Zu ihrer Beruhigung können Sie ihr versichern, daß es zwar Unterschiede zwischen Männern und Frauen gibt, daß die Auswirkungen einer Kopfverletzung jedoch geschlechtsunabhängig sind.

Viele Frauen sind Hausfrauen im traditionellen Verständis. Ihre Arbeit wird in aller Regel nicht als Beruf im Sinne einer bezahlten Tätigkeit anerkannt, obgleich die Anforderungen oft höher und die Arbeitsbedingungen schlechter sind als bei jeder anderen Tätigkeit. Welche Gewerkschaft würde es wohl hinnehmen, daß ihre Mitglieder sieben Tage pro Woche rund um die Uhr arbeiten oder zumindest immer verfügbar sein müssen? Und welche Gewerkschaft würde es wohl akzeptieren, daß ihre Mitglieder bei Bedarf die unterschiedlichsten, nicht näher definierten Arbeiten zu verrichten haben, angefangen bei denen eines Kindermädchens und einer Köchin bis hin zu denen einer Gärtnerin. Kurzum: Eine Hausfrau muß Mädchen für alles sein; und sie akzeptiert Unannehmlichkeiten als unabdingbaren Bestandteil der Aufgabe, ihre Familie zu versorgen.

Was geschieht nun, wenn die Hausfrau eine Kopfverletzung erlitten hat? Vermutlich wird sie früher aus der Klinik nach Hause geholt als ein gewöhnlicher Arbeitnehmer. Dort wird es ihr schwer fallen, auf einmal Betreute und nicht Betreuerin zu sein. Sie wird dabei zusehen müssen, wie andere Familienmitglieder ihre Arbeit mit weniger Sachverstand oder zumindest in anderer Weise erledigen als sie selbst das immer getan hat. Sie wird auch feststellen müssen, daß ihre Kinder nicht nur traurig und verstört über ihren Unfall sind, sondern daß sie auch ihre Ausbildung oder ihre berufliche Laufbahn unterbrechen müssen, um sich um ihre Mutter kümmern zu können. Es kommt also in der Familie zu einer völligen Umkehrung der bisherigen Rollen. Die Kinder müssen die Eltern trösten und versorgen, der Partner muß neben der Rolle des Alleinverdieners auch noch die des Hausmannes übernehmen.

Es ist daher nicht überraschend, daß sich die Patientin keine Ruhe gönnt und sich so rasch wie möglich wieder selbst um ihren Haushalt kümmern möchte. In den ersten Wochen nach der Entlassung der Patientin aus dem Krankenhaus haben ihre Angehörigen den Unfall noch in frischer Erinnerung; es wird ihnen nicht schwerfallen, sich stets vor Augen zu führen, daß die Patientin auf Hilfe angewiesen ist. Sobald sie aber einigermaßen erholt wirkt, wird sie sich leicht überfordern, wenn die Angehörigen meinen, sie befände sich wieder im Vollbesitz ihrer Kräfte.

Kopfverletzungen bei einem Elternteil

Natürlich kommt es auch nach einer schweren Kopfverletzung eines Elternteils zu einem Rollentausch innerhalb der Familie. Bereits für erwachsene Kinder ist es oft schwierig, sich auf eine derart veränderte Situation einzustellen; noch größere Schwierigkeiten bereitet dies jedoch relativ kleinen Kindern.

Normalerweise ist es die Aufgabe der Eltern, darauf zu achten, daß sich ihre Kinder angemessen verhalten. Wenn jedoch ein Elternteil nach einer Kopfverletzung ein unangebrachtes Verhalten zeigt (zum Beispiel, wenn der

Betreffende zur falschen Zeit lacht oder herausposaunt, was ihm gerade durch den Kopf geht, ohne sich über die Folgen Gedanken zu machen), so müssen plötzlich die Kinder eine Führungsrolle übernehmen. Oft ist ihnen das Verhalten des Elternteils auch peinlich. Dies kann dazu führen, daß sich kleinere Kinder schämen, ihre Freunde nach der Schule mit nach Hause zu bringen, oder sich angewöhnen, dem betreffenden Elternteil aus dem Weg zu gehen, da sie dessen aggressives und gereiztes Verhalten verunsichert. Auch ältere Kinder verhalten sich häufig ausweichend und sind immer seltener zu Hause. Oftmals verschlimmern sie die Lage noch durch eine Überreaktion auf vermeintlich ungerechtfertigte Angriffe seitens des kopfverletzten Elternteils.

Der andere Elternteil sieht sich dann in die nicht beneidenswerte Rolle eines Schiedsrichters gedrängt. Wie immer er sich auch entscheidet, entweder haben die Kinder oder aber sein Partner das Gefühl, er sei parteilich. Es ist daher wichtig, eine derartige Situation gar nicht erst entstehen zu lassen. Wenn es sich bei dem Kopfverletzten um Ihren Vater handelt, dürfen Sie nicht vergessen, daß er sich nach wie vor in der Rolle des Erziehers sieht und daß er wegen des Unfalls nicht aufhört, Sie in erster Linie als sein Kind zu betrachten. Sie und der gesunde Elternteil müssen ihn von gefährlichen oder kostspieligen Fehlern abzuhalten versuchen und ihm zugleich dabei helfen, seine Würde als Erwachsener zu bewahren. Er ist kein Kind, und Sie dürfen ihn auch nicht als solches behandeln. Oftmals besteht die Illusion, eine Familientherapie könne die Dinge wieder in Ordnung bringen. Zwar kann eine Familientherapie Ihnen und dem gesunden Elternteil helfen, mit Ihrer schwierigen Situation fertigzuwerden, den Patienten erreicht sie jedoch aller Wahrscheinlichkeit nach nicht. Er benötigt nämlich keine Ratschläge darüber, wie er seine Kinder zu erziehen habe; er kann seine Aufgabe als Erzieher in diesem Stadium der Genesung einfach noch nicht wieder erfüllen.

Kopfverletzungen beim Partner

In einer Beziehung, in der einer der Partner eine Kopfverletzung erlitten hat, trägt der gesunde Partner weitgehend die Verantwortung für die Beziehung.

Übernimmt der gesunde Partner die Rolle des Betreuers, so wird die Beziehung derjenigen zwischen Eltern und Kind ähnlich. Selbst wenn der Betreuer den Partner mit der Kopfverletzung noch immer sehr liebt, kann doch im Laufe der Zeit die Verantwortung für die Pflege des Kopfverletzten diese Liebe verändern, so daß sie mehr der Elternliebe als der Partnerliebe gleicht. Diese Tendenz wird noch dadurch verstärkt, daß sich das Verhalten des Kopfverletzten nach dem Unfall verändert. Wann immer er sich gereizt, aggressiv oder unvernünftig verhält, verstärkt er die Rolle seines Partners als Erzieher.

Ein weiteres Hindernis zur Normalisierung der Beziehung kann in einer Störung der sexuellen Funktionen liegen, wie sie nach einer Kopfverletzung häufig auftritt. Kurz nach der Entlassung aus dem Krankenhaus ist der Kopfverletzte oft zu müde, um im Bett etwas anderes zu tun, als zu schlafen. Auch physiologische oder hormonelle Störungen können sich negativ auf das Sexualleben auswirken. Selbst in einer stabilen Partnerschaft kann die Unfähigkeit zur Wiederaufnahme sexueller Beziehungen Spannungen verursachen; eine weniger stabile Partnerschaft kann dadurch leicht in die Brüche gehen.

Leichte Kopfverletzungen

So paradox es klingen mag: Jemand, der nur wenige Minuten bewußtlos war und dessen Verletzungen nicht einmal einen Krankenhausaufenthalt erforderlich machten, kann genauso viele Probleme haben wie ein schwerverletzter Patient, der wochenlang bewußtlos war. Bei letzterem ist die Schwere seiner Verletzungen für alle ersichtlich. Man erwartet infolgedessen von ihm nicht, daß er sofort wieder all das machen kann, was er vor seinem Unfall getan hat. Hat jemand dagegen weniger schwere, oft nicht deutlich erkennbare Verletzungen erlitten, so wird häufig vergessen, daß auch er eine gewisse Zeit braucht, um sich zu erholen.

In diesen Fällen ist die Genesung aber meist nur eine Frage der Zeit, und die Fähigkeit, sich zu konzentrieren, sich zu erinnern und klar zu denken, stellt sich innerhalb weniger Wochen wieder ein. Fünf bis zehn Prozent der Betroffenen brauchen dafür allerdings sehr viel länger; sie sind teilweise über Monate hinweg schwer beeinträchtigt. Dieser unterdurchschnittlich langsame Genesungsprozeß stellt ein besonderes Problem dar, weil der betroffene Personenkreis oftmals nur für wenige Stunden im Krankenhaus war und infolgedessen keinen Zugang zu Rehabilitationsprogrammen hatte. Wie in Kapitel 4 dargelegt, erfolgt bei Patienten, die nach einer Kopfverletzung für einige Zeit im Krankenhaus gelegen haben, in der Regel eine Nachsorgeuntersuchung. Aus Kapazitätsgründen können derartige Nachsorgeuntersuchungen für Unfallopfer mit weniger schweren Kopfverletzungen nicht angeboten werden.

Bei Personen, deren leichte Kopfverletzung ein spezielles Risiko in sich birgt oder bei denen die Probleme nach einer gewissen Zeit nicht verschwinden, sind zusätzliche Untersuchungen geboten. So sollten die auf einer Unfallstation tätigen Ärzte ältere Menschen, aber auch Studenten und Menschen mit anstrengenden Berufen, unter anderem auf ihre Gedächtnis- und Konzentrationsfähigkeit hin untersuchen, bevor diese an ihren Arbeitsplatz zurückkehren oder ihre Ausbildung fortsetzen. Diese Untersuchung sollte eine Woche bis zehn Tage nach dem Unfall durchgeführt werden; dann sind die üblichen unangenehmen Nebenwirkungen, wie Übelkeit und ständiges Schlafbedürfnis, nämlich abgeklungen.

Häufig kann man einem Leichtverletzten über diese Phase hinweghelfen, indem man ihm die Ursachen der auftretenden Probleme erläutert und ihm Ratschläge zu ihrer Bewältigung gibt. Manchen Patienten hilft es bereits, mit jemandem reden zu können, der dieselben Probleme gehabt hat. Nehmen Sie deshalb Kontakt zu Selbsthilfegruppen auf.

Fallgeschichten

Michael

Trotz des Rückschlags durch den epileptischen Anfall machte Michael weiterhin gute Fortschritte. Er war sich darüber im klaren, daß er in der Lage sein mußte, intensiv zu lernen und sich zu merken, was er gelesen hatte, wenn er an die Universität zurückkehren wollte. Daher bereitete ihm sein schlechtes Gedächtnis nach wie vor Kopfzerbrechen.

Auch Michaels Eltern machten sich Sorgen, denn obwohl sich seine Konzentrationsfähigkeit gebessert hatte, und seine Stimmung nicht mehr so wechselhaft war, vergaß er immer noch, was er gehört oder gelesen hatte, sobald er sich mit etwas anderem befaßte. Eines Tages wurde Michaels Mutter beim Durchblättern einer Illustrierten auf eine Anzeige aufmerksam. Die Überschrift lautete „Liebe Kommilitonen, habt ihr Probleme mit eurem Gedächtnis?". Weiter hieß es in der Anzeige, das von Dr. X entwickelte Verfahren könne garantiert jedem dazu verhelfen, sich zu erinnern, woran er wolle. Es war natürlich ein recht kostspieliges Verfahren, aber sie hatte das Gefühl, diese Annonce schicke ihr der Himmel. Daher sandte sie den Bestellschein ab. Es stellte sich heraus, daß dieses Gedächtnistraining aus einer Reihe von Übungen, die ganz ähnlich aufgebaut waren wie die in Michaels Gedächtnistherapie, sowie aus einer Reihe mnemotechnischer, das heißt gedächtnisfördernder Tricks bestand. Sie setzten allerdings ein voll funktionsfähiges Gedächtnis voraus. Da Michaels Gedächtnis jedoch nicht normal arbeitete, erwies sich dieses Trainingsprogramm als kostspieliger und frustrierender Fehlschlag.

Katrin

Katrin hatte immer mehr darauf gedrungen, endlich wieder zur Schule gehen zu dürfen. Zwar bereiteten ihr die Spielstunden mit der pensionierten Lehrerin sichtlich Spaß, jedoch vermißte sie ihre Freundinnen, deren Besuche seltener geworden waren. Zuhause wurde der Umgang mit ihr immer schwieriger. Ihre Geschwister hatten sich angewöhnt, sich nach der Schule mit Freunden zu treffen und auf diese Weise ihre Heimkehr so lang wie möglich hinauszuzögern. Ihre Mutter bedauerte diese Entwicklung. Zu allem Übel war ihr auch noch mit Kündigung gedroht worden, wenn sie künftig nicht zuverlässiger und pünktlicher am Arbeitsplatz erscheinen sollte. Die Therapeuten überlegten, wie sich diese Probleme lösen ließen. Schließlich gelang es dem Sozialarbeiter, eine Betreuerin zu finden, die Katrin morgens versorgte und sich auch um sie kümmerte, wenn sie einen schlechten Tag gehabt hatte und nicht ins Krankenhaus gehen konnte.

Die Therapeuten sorgten zudem dafür, daß Katrin eine Sonderschule für lern- und körperbehinderte Kinder besuchen konnte. Dies erwies sich jedoch als Fehlentscheidung, denn Katrin war sehr gekränkt und deprimiert darüber, als „geistig Behinderte" angesehen zu werden. Von Tag zu Tag wurde es schwieriger, sie dazu zu bewegen, zur Schule zu gehen. Schließlich nahmen ihre Eltern sie schweren Herzens wieder aus der Sonderschule, woraufhin sie sofort wieder erheblich umgänglicher wurde. Es war, als hätte sie sich vorgenommen, sich so zu verhalten, daß nie wieder jemand auf die Idee kommen konnte, sie auf eine Sonderschule zu schicken.

Arnold

Auch sechs Monate nach seinem Unfall litt Arnold noch immer unter zahlreichen Nachwirkungen seiner Kopfverletzung. Nach wie vor ermüdete er rasch, und er wurde nervös, sobald er eine komplizierte oder dringliche Angelegenheit zu erledigen hatte. Zu dieser Zeit hatte er einen Termin zur ambulanten Rehabilitation im Krankenhaus. Er wußte den regelmäßigen Kontakt und die Hilfe, die er dort bekam, inzwischen zu schätzen. Er hatte eingesehen, daß er in seinem Alter länger brauchen würde, um sich zu erholen. Er konnte jedoch nur schwer akzeptieren, leome großen beruflichen Pläne mehr schmieden zu können, da er nicht wußte, ob und wann es ihm sein Gesundheitszustand gestatten würde, wieder die Leitung seiner Betriebe zu übernehmen.

Schließlich traf er auf Anraten seines Rechtsanwalts die vernünftigste Entscheidung seit seinem Unfall: Er verkaufte sein Immobiliengeschäft und sein Restaurant, solange beide noch einen hohen Marktwert besaßen. Einen Monat lang brachte er mit außerordentlich anstrengenden Verhandlungen zu. Er mußte den Verkaufsgesprächen zwar beiwohnen, konnte den Rest aber getrost seinen Beratern überlassen. Er war angenehm überrascht über die Erleichterung, die er empfand, als die Formalitäten erledigt waren, und er nicht mehr die Last der Verantwortung für zwei Betriebe trug.

8. Wie lange wird es dauern, bis der Patient wieder gesund ist?

Wenn Sie sich bei einem Unfall einen Arm oder ein Bein brechen, kann Ihnen Ihr Arzt ziemlich genau sagen, wie lange Sie im Krankenhaus bleiben und einen Gips tragen müssen, oftmals sogar, wie lange es dauern wird, bis Sie wieder an Ihren Arbeitsplatz zurückkehren können. Wenn Sie bei diesem Unfall zusätzlich eine Kopfverletzung erlitten haben, lassen sich keine derartigen Vorhersagen machen.

Am häufigsten beklagen sich Angehörige eines Kopfverletzten darüber, daß man ihnen im Krankenhaus auf Fragen wie „Wird der Patient überleben?" oder „Wann wird es dem Patienten besser gehen?" keine zufriedenstellenden Antworten gibt. Wie in Kapitel 3 bereits erläutert, liegt dies daran, daß auf derartige Fragen oftmals tatsächlich keine befriedigendere Antwort existiert als: „Wir wissen es noch nicht. Wir müssen erst einmal abwarten und dann weiter sehen". Obgleich es inzwischen hochkomplizierte Geräte und Verfahren gibt, um die Hirnfunktionen zu überwachen, ist es nach wie vor nicht möglich, definitive Aussagen darüber zu machen, wie gut sich jemand nach einer schweren Kopfverletzung erholen wird. Viele von Ihnen werden auch mit der Möglichkeit konfrontiert worden sein, daß Ihr Angehöriger entweder sterben oder in einem vegetativen Zustand verbleiben wird (apallisches Syndrom). Es sollte eigentlich eine erfreuliche Nachricht sein, wenn schließlich doch keine der beiden Vorhersagen eintrifft. Sie sollten nicht glauben, daß „die eigentlich gar nichts von Kopfverletzungen verstehen". Denn „die" sind sehr wohl kompetent und können durchaus Anhaltspunkte richtig deuten.

Wie wir betont haben, ist es im Frühstadium nach einer Verletzung nicht immer möglich, mit Sicherheit zu sagen, ob ein Patient überleben oder sterben wird. Und ebenso schwierig kann es unter Umständen sein, Prognosen über den vermutlichen Heilungsverlauf abzugeben. In diesem Kapitel wollen wir einige der wichtigsten Fragen zu Verlauf und Ausmaß der Genesung erörtern.

Wann wird der Patient aus dem Koma erwachen?

Der Patient befindet sich nach einer Kopfverletzung vielfach in einem Zustand der Bewußtlosigkeit, der auch als Koma bezeichnet wird. Während des Komas werden in manchen Fällen die Gehirnströme kontinuierlich aufgezeichnet. Solange sich dabei keine Veränderungen zeigen, wird es für den Arzt kaum möglich sein, die Dauer der Bewußtlosigkeit vorherzusagen. Sobald sich aber positive Veränderungen ergeben, werden Sie vom Arzt vermutlich das Wort „Erleichterung" zu hören bekommen. Das bedeutet ganz einfach, daß der Patient sich jetzt in einem weniger tiefen Koma befindet und stärker auf seine Umgebung zu reagieren beginnt. Es können jedoch weitere Tage oder Wochen vergehen, bis er aus dem Koma erwacht.

Erwarten Sie nicht, daß ein Kopfverletzter die Augen öffnet, seine Arme ausstreckt und fragt „Wo bin ich?", wie es in Filmen oder Büchern häufig geschieht. Es kommt selten vor, daß ein Patient unvermittelt aus dem Zustand des Komas in einen Zustand des völligen Wachseins gelangt. Wenn der Patient seine Umgebung wahrzunehmen beginnt, ist er im allgemeinen sehr verwirrt und weiß nicht, wo er sich befindet, und warum er hier ist. Wahrscheinlich wird er Sie immer wieder fragen, was ihm zugestoßen ist, oder weshalb Sie ihn nicht bereits früher besucht haben – und das, obgleich Sie schon seit Wochen tagtäglich an seinem Bett sitzen. Er wird zwar allmählich klarer, er ist jedoch noch nicht wieder in der Verfassung, sich Vorgänge auch nur über kürzeste Zeiträume hinweg zu merken. Machen Sie sich daher keine Sorgen, wenn er immer wieder in der beschriebenen Weise reagiert, auch wenn Sie das Zimmer für nur wenige Augenblicke verlassen haben, beispielsweise um etwas mit der Krankenschwester zu besprechen, oder wenn Sie am nächsten Tag wieder zu Besuch kommen. Auch braucht es Sie nicht zu beunruhigen, wenn er mehrere Jahre seines Lebens „verloren" zu haben scheint und zum Beispiel darauf beharrt, immer noch zur Schule zu gehen. In Kapitel 5 wurde bereits dargelegt, daß das Gedächtnis für einen gewissen Zeitraum vor und auch nach einem Unfall mit Schädel-Hirn-Trauma gestört ist.

Ebenso wie das Koma kann auch die Phase der Verwirrtheit, in der sich der Patient ständig wiederholt und alles vergißt, unter Umständen nur eine kurze Zeit andauern; gnauso gut aber kann sie sich über Tage, Wochen oder Monate erstrecken. Es liegt auf der Hand, daß sich der Patient noch nicht im Vollbesitz seiner geistigen Kräfte befindet. Diesen Zustand haben wir in Kapitel 5 mit dem Schlafwandeln verglichen. Sie sehen also, daß Ihr Arzt auf die Frage, wann der Patient wieder erwachen wird, nicht nur in der Lage sein müßte, vorherzusagen, wie lange er bewußtlos sein wird, sondern auch, wie lange das Stadium der Verwirrtheit andauern wird; eine zeitliche Prognose muß demnach zwei Aspekte berücksichtigen. Wenn Ihr Angehöriger erst einmal aus dem Koma erwacht ist, kann der Arzt eher abschätzen, wie lange die nächste Phase voraussichtlich dauern wird. Je länger das Koma angedauert hat, desto länger wird auch die Phase der Verwirrtheit anhalten. Diese Faustregel erlaubt es Ihrem Arzt allerdings nicht, Ihnen Tag und Datum zu nennen, an dem der Patient vollständig aufwachen wird. Allenfalls kann er Aussagen treffen wie etwa „Dieser Zustand wird voraussichtlich noch ein paar Monate andauern" oder aber „In ein paar Tagen wird Ihr Angehöriger aufnahmefähiger sein". Sie können also nichts anderes tun als abwarten.

In dieser Phase des Zu-sich-Kommens können Sie Ihrem Angehörigen eher behilflich sein als das Pflegepersonal. Sie wissen, welche Musik er gerne mochte, welche Interessen er hatte, und wie er angesprochen werden möchte. Sie können Fotos und Andenken mit ins Krankenhaus bringen, um ihn an seine Vergangenheit zu erinnern. Ihre Stimme ist ihm vertraut, und er wird sie wiedererkennen – im Gegensatz zu den Stimmen der Krankenschwestern und Ärzte. Außerdem werden Sie täglich mehr Zeit mit ihm verbringen als jeder andere, so daß Sie noch am ehesten positive Veränderungen registrieren.

Möglicherweise empfiehlt man Ihnen, über diese Zeit Tagebuch zu führen. Auf diese Weise haben Sie etwas zu tun, wenn Ihr Angehöriger, wie so oft im Laufe eines Tages, einmal wieder eingeschlafen ist; außerdem können sich diese Aufzeichnungen in den kommenden Tagen und Wochen als recht hilfreich erweisen, wenn Sie sich einmal besonders niedergeschlagen und deprimiert fühlen, weil von einem Tag auf den anderen kaum Fortschritte festzustellen sind. Dann beruhigt es, sich das Tagebuch vorzunehmen und nachzulesen, in welchem Zustand sich Ihr Angehöriger noch vor einem oder zwei Monaten befunden hat. Sie können feststellen, wie sehr sich sein Zustand seither gebessert hat. Aber auch Ihr Angehöriger wird eines Tages Ihre Aufzeichnungen zu schätzen wissen, weil er sich später vermutlich nicht mehr an die ersten Wochen im Krankenhaus erinnern wird. Wenn er sich dann zu einem späteren Zeitpunkt mit dieser Zeit auseinandersetzen kann, wird er nachempfinden, was Sie und er alles durchmachen mußten.

Wann wird der Patient wieder gehen beziehungsweise sprechen können?

Wie in Kapitel 6 dargestellt, weisen manche Patienten nach einem Unfall Lähmungserscheinungen auf oder haben Probleme mit dem Gleichgewicht und dem Gehen; bei anderen wiederum können Sprachstörungen auftreten. Da jeder Unfall anders verläuft, und jeder Mensch in anderer Weise darauf reagiert, ist es im allgemeinen nicht möglich, die Frage zu beantworten, wann der Betreffende voraussichtlich wieder gehen oder sprechen können wird. Der Arzt oder Therapeut wird Ihnen allerdings mitteilen, welche Fortschritte jeweils erzielt worden sind. Zweifellos wird er dies auch unaufgefordert tun, da er sich ebenso wie Sie über jede Verbesserung des Gesundheitszustandes des Patienten freut.

Ein Problem besteht für Sie sicherlich darin, daß Sie während des Krankenhausaufenthalts Ihres Angehörigen zahlreiche andere Patienten in verschiedenen Stadien der Genesung kennenlernen und mit ihren Familienangehörigen ins Gespräch kommen. Dabei werden Ihnen diese erzählen, wie es in ihrem Falle zu dem Unfall kam, wie lange er nun bereits zurückliegt, und welche Auswirkungen er auf den betreffenden Patienten gehabt hat. Vermutlich werden Sie auch hören, wie lange die Genesung bei anderen Kopfverletzten gedauert hat. Diese Informationen könnten Sie zu der Erwartung veranlassen, Ihr Angehöriger werde sich in gleichem Umfang und im gleichen Zeitraum erholen. Die Vermutung scheint naheliegend, daß Ihr Sohn, nur weil er im gleichen Alter ist und einen ähnlichen Unfall hatte wie der Sohn anderer Eltern, ebenso schnell in der Lage sein wird, wieder zu gehen. Es gibt jedoch zahlreiche Faktoren, die Tempo und Ausmaß der Genesung Ihres Angehörigen bestimmen. Einer dieser Faktoren ist die Art und der Schweregrad der Hirnverletzung. Es bleibt Ihnen daher gar nichts anderes übrig, als abzuwarten und die Dinge so zu nehmen, wie sie kommen.

Das bedeutet keineswegs, daß Sie sich im Krankenhaus nicht mit Mitgliedern anderer betroffener Familien unterhalten sollten. Im Gegenteil: Solche Gespräche sind außerordentlich wichtig, da niemand Sie besser verstehen kann als jemand, der sich in der gleichen Lage befindet. Manche Stationen organisieren einen derartigen Erfahrungsaustausch mit anderen betroffenen Familien. In einigen Städten gibt es inzwischen auch Selbsthilfegruppen für betroffene Familien (in Anhang B finden Sie Kontaktadressen für derartige Gruppen). In diesen Selbsthilfegruppen werden Sie bestätigt bekommen, daß Sie aus dem zeitlichen Verlauf und dem Ausmaß der Genesung bei anderen Patienten keine Rückschlüsse auf Ihren Angehörigen ziehen können.

Wann wird der Patient aus dem Krankenhaus entlassen?

Wie Sie sich sicherlich denken können, lautet auch hier die Antwort: Sie müssen sich in Geduld fassen und erst einmal abwarten. Dennoch können natürlich Umstände eintreten, die genauere Angaben für Sie unabdingbar machen. Wenn jemand einen Unfall erlitten hat, wird er aus seiner Familie und seinem Berufsleben gerissen, ohne Gelegenheit gehabt zu haben, seine längerfristige Abwesenheit in irgendeiner Weise vorzubereiten. Bevor der Betreffende nicht das volle Bewußtsein wiedererlangt hat, ist er auch nicht in der Lage, die durch seinen Krankenhausaufenthalt bedingten Probleme zu lösen.

Nach dem Unfall müssen die Angehörigen eine ganze Reihe praktischer Entscheidungen für den Kopfverletzten treffen. Miete und Darlehen werden fällig, gleichgültig ob ein Haus bewohnt ist oder nicht. Es stellt sich die Frage, ob Sie die Wohnung untervermieten, kündigen, das Haus verkaufen oder Dauermieter einziehen lassen sollen. Sollen Sie den Arbeitgeber bitten, die Stelle freizuhalten, eine vorübergehende Vertretung einzustellen oder die Kündigung anzunehmen? (Diese Fragen sind im deutschen Arbeitsrecht zum größten Teil recht eindeutig geklärt: Es gibt heute in fast allen Berufen einen von der Dauer der Dienstjahre abhängigen Kündigungsschutz, sowie eine gesetzliche Lohnfortzahlung. Nach Ablauf der Lohnfortzahlung besteht Anspruch auf Krankengeld durch die Krankenkasse. Krankengeld kann in vielen Fällen bis zu einer Höchstdauer von 18 Monaten in Anspruch genommen werden.) Um all diese Entscheidungen treffen zu können, müssen Sie zumindest wissen, wie lange der Krankenhausaufenthalt ungefähr dauern wird. Im allgemeinen treten diese Probleme erst dann auf, wenn auch Wochen nach dem Unfall noch keine wesentliche Besserung des Zustands eingetreten ist. Besprechen Sie diese Fragen mit dem behandelnden Arzt; er kann Ihnen für gewöhnlich weiterhelfen, auch wenn er nicht genau vorherzusagen vermag, wie lange Ihr Angehöriger noch im Krankenhaus bleiben muß.

Außerdem sollten Sie unbedingt den zuständigen Sozialarbeiter fragen, mit welcher Behörde Sie sich in Verbindung setzen sollten, um sich zu informieren und um finanzielle oder sonstige Unterstützung zu beantragen. Wenn es sich bei Ihrem Angehörigen um einen Erwachsenen handelt, sind sehr strenge Vorschriften zu beachten, bevor Sie Zugang zu seinem Bankkonto erhalten, von ihm geschlossene Verträge ändern oder sein Eigentum für ihn verkaufen können. Diese rechtlichen Regelungen dienen dem Schutz der Betroffenen; so kann ihre hilflose Lage nicht von skrupellosen Menschen ausgenutzt werden. Auch wenn Sie es als brüskierend empfinden mögen, daß Ihre guten Absichten in Zweifel gezogen werden, sollten Sie sich genauestens über diese Bestimmungen informieren, falls Ihr Angehöriger aller Voraussicht nach für einen längeren Zeitraum im Krankenhaus bleiben muß.

Wann wird es dem Patienten wieder besser gehen?

Je länger der Unfall zurückliegt, desto genauer wird das Bild sein, das sich der behandelnde Arzt über die Art der Verletzung Ihres Angehörigen machen kann, und desto mehr wird er Ihnen darüber sagen können, inwieweit mit einer Besserung zu rechnen ist, oder, in weniger schweren Fällen, wann er sich völlig erholt haben wird. Sobald der Patient aus der Bewußtlosigkeit erwacht ist, weiß der Arzt, wie lange das Stadium der Verwirrtheit vermutlich andauern wird.

Das Koma sowie die Phase der Verwirrtheit und der Gedächtnisstörung sind Kriterien zur Bestimmung des Ausmaßes eines Schädel-Hirn-Traumas. Allgemein kann man also sagen: Je länger der Patient bewußtlos und je tiefer das Koma bei seiner Einlieferung ins Krankenhaus war, desto schwerer ist in der Regel auch die Verletzung. Darüber hinaus gibt auch die Dauer des „Schlafwandelns" des Patienten Hinweise auf das Ausmaß der Verletzung. Je schwerer die Verletzung ist, desto länger dauert die Erholungsphase und desto weniger vollständig wird die Genesung sein.

Allerdings ist zu bedenken, daß diese beiden Merkmale lediglich Anhaltspunkte darstellen, um für einen bestimmten Patienten das Ausmaß der Genesung und die Dauer der Erholungsphase abschätzen zu können. Im allgemeinen erholt sich ein Kopfverletzter, der sechs Monate lang im tiefen Koma lag, nicht so gut wie jemand, der nur eine Stunde bewußtlos war. Es gibt jedoch auch Ausnahmefälle; manche Patienten erholen sich besser und schneller als erwartet, andere dagegen schlechter.

Wie gesagt: Je länger der Unfall zurückliegt und je mehr Informationen über die Fortschritte des Patienten vorliegen, desto genauere Prognosen können abgegeben werden. Wenn der Patient das Krankenhaus verläßt, wird er wieder selbständig atmen, sich mehr oder weniger selbständig fortbewegen und sich mit anderen unterhalten können, auch wenn er etwas undeutlich und langsam spricht. Er wird sich alleine anziehen, essen und zur Toilette gehen können. Dennoch kann er von einer vollständigen Genesung noch weit entfernt sein.

Anhaltspunkte für den Schweregrad der Verletzung

Wie tief ist das Koma?
Wie lange dauert das Koma?
Wie lange dauert die Phase des „Schlafwandelns"?
Wie viele körperliche Beeinträchtigungen bestehen?
Wie gut sind Konzentrationsfähigkeit und Gedächtnis?
Wie schnell bessern sich diese Fähigkeiten?

Ist es zum Beispiel um die Konzentrationsfähigkeit schlecht bestellt, so wird dies alles andere beeinträchtigen: Die Merkfähigkeit des Betreffenden wird schlechter sein, weil seine Aufmerksamkeit ständig abschweift; in der ambulanten Therapie wird er nur geringe Fortschritte erzielen, weil er seine Aufmerksamkeit nicht auf das richten kann, was er machen soll; zu Hause schließlich wird er vergessen, seine Übungen durchzuführen. Wenn also die Konzentrationsfähigkeit bei der Entlassung aus dem Krankenhaus noch sehr schlecht ist, wird der Patient länger brauchen, um sich zu erholen, als jemand, dessen Konzentrationsfähigkeit nur geringfügig beeinträchtigt ist.

In diesem Zusammenhang ist auch wichtig, wie viele Begleiterscheinungen eines Schädel-Hirn-Traumas bei dem Patienten auftreten, wie ausgeprägt sie sind und wie lange sie anhalten. Um dies zu klären, wird Ihr Angehöriger auch nach der Entlassung aus dem Krankenhaus relativ häufig untersucht. Wenn Ihr Arzt weiß, wie schnell sich sein Zustand bessert, wird er Ihnen Auskunft darüber geben können, wann er sich voraussichtlich erholt haben wird. Allerdings handelt es sich auch in diesem Fall nur um eine vage, wenngleich durch Untersuchungsergebnisse besser gestützte Vorhersage.

Abgesehen von der Schwere der Verletzung gibt es noch weitere Faktoren, welche die Erholung des Patienten beeinflussen. Dazu zählt eine zusätzliche Hirnschädigung durch einen weiteren Unfall oder durch Alkohol sowie andere Drogen. Es liegt auf der Hand, daß die Genesung nach einem Unfall länger dauert, wenn das Gehirn mehrfach in Mitleidenschaft gezogen wird.

Auch die Geduld oder Ungeduld des Patienten wirkt sich auf die Dauer des Genesungsprozesses aus. Wie wir wissen, fällt es Patienten nach einer Kopfverletzung oftmals schwer, Streßsituationen zu bewältigen. Wenn sich Ihr Angehöriger beispielsweise Sorgen um seinen Arbeitsplatz, seine finanzielle Situation, seine Partnerschaft oder seinen Gesundheitszustand macht, ist er in aller Regel nicht fähig, sich zu entspannen oder genügend zu schlafen. Dadurch hat es zuweilen den Anschein, als verschlechtere sich sein Zustand noch. In diesem Fall ist es sehr wichtig, mit dem behandelnden Arzt zu sprechen, denn oftmals läßt sich durch ein Streßbewältigungsprogramm oder durch leichte Beruhigungstabletten Abhilfe schaffen.

Fortschritte in der Genesung hängen natürlich auch davon ab, ob ein Rehabilitationsplatz zur Verfügung steht. Ein Patient mit einem Schädel-Hirn-Trauma wird sich schneller erholen, wenn er in einer entsprechenden Einrichtung an einem strukturierten Rehabilitationsprogramm teilnehmen kann, das auf seine persönlichen Bedürfnisse abgestimmt ist. In einer solchen Einrichtung findet er darüber hinaus ein Umfeld, in dem das Risiko einer weiteren Hirnschädigung oder einer Überforderung gering ist. Verlorengegangene Fertigkeiten kehren nicht wieder, wenn sie nicht geübt werden, ganz gleich, ob es nun darum geht, sich an Worte zu erinnern oder einen bestimmten Muskel zu bewegen. Es gibt also durchaus Bedingungen, die besser, und andere, die weniger geeignet sind, die Genesung zu fördern und zu beschleunigen.

Die Genesung ist abhängig von:

Der Schwere der Verletzung.
Dem Vorliegen weiterer Hirnschäden.
Der Vermeidung von Streß.
Einer erfolgreichen Rehabilitation.
Einer stufenweisen Rückkehr in Ausbildung oder Beruf.

Wie weit wird die Genesung gehen?

Sie können fast ausnahmslos davon ausgehen, daß es Ihrem Angehörigen irgendwann einmal besser gehen wird als zum jetzigen Zeitpunkt. Das Ausmaß dieser Besserung ist jedoch ungewiß.

Wenn jemand eines seiner Gliedmaßen verloren hat, erwarten wir nicht, daß ihm ein neues nachwächst. Wir wissen, daß er dauerhaft behindert sein wird – selbst dann, wenn eine ausgezeichnete Prothese dem Betroffenen das verlorene Glied weitgehend ersetzt. Beim Gehirn ist das anders. Bekanntlich werden verletzte Hirnbereiche nicht erneuert, und wir haben auch kaum Möglichkeiten, sie zu ersetzen. Oft kann der Patient trotzdem bestimmte Fertigkeiten wiedererlangen, die normalerweise durch das verletzte Gebiet gesteuert werden. Wie ist das möglich?

Manchmal liegt der Grund darin, daß ein für bestimmte Vorgänge zuständiger Hirnbereich gar nicht beschädigt wurde, sondern wegen eines Hämatoms nur nicht richtig funktionieren konnte; oder ein anderer Gehirnsektor, der mit dem steuernden Hirnbereich zusammenspielt, ist aus ähnlichen Gründen ausgefallen. In solchen Fällen stellt sich die verlorengegangene Funktion normalerweise in der Frühphase nach dem Unfall wieder ein, und zwar unabhängig davon, ob ein gezieltes Training stattfindet oder nicht.

Zuweilen tritt eine Genesung auch deshalb ein, weil unbeschädigte Hirnbereiche einen Teil der Funktionen der beschädigten Sektoren übernehmen. Wie das im einzelnen vor sich geht, ist nicht genau bekannt. Es steht jedoch fest, daß das Gehirn nur dann bestimmte Vorgänge auf anderem Wege ausführen kann, wenn dies viele Male trainiert worden ist.

Was die Wiedererlangung von Fähigkeiten nach einer Hirnschädigung anbelangt, sind zwei Dinge zu beachten. Zum einen hängen Geschwindigkeit und Ausmaß einer Besserung von Häufigkeit und Qualität der Rehabilitationsmaßnahmen ab. Zum anderen sind der Genesung stets gewisse Grenzen gesetzt, die mit der Art der Verletzung, dem Ausmaß der Schädigung, dem Lebensalter und dem Lebensumfeld des Betreffenden zusammenhängen.

Die mythische Zweijahresfrist

In vielen älteren Lehrbüchern finden sich nach wie vor eindeutige, wenn auch völlig irreführende Aussagen über die Genesung nach einem Schädel-Hirn-Trauma. Danach sei die zu erwartende Genesung zwei Jahre nach dem Unfall abgeschlossen. Diese Information ist schlicht und einfach falsch. Darüber hinaus hat sie bei den Patienten und ihren Angehörigen für unnötige Aufregung gesorgt und nicht selten erhebliches Leid mit sich gebracht. Am zweiten Jahrestag des Unfalls brauchen Sie also nicht denken, Ihr Angehöriger sei dazu verurteilt, den Rest seines Lebens im Rollstuhl zu verbringen, nur weil er zu diesem Zeitpunkt noch nicht gehen kann. Zwei Jahre sind eine viel zu kurze Zeit, um jegliche Hoffnung aufzugeben und alle Bemühungen einzustellen.

Manche Patienten haben sogar fünf, zehn oder mehr Jahre nach einer Kopfverletzung noch Fortschritte gemacht.

Die größten Fortschritte stellen sich innerhalb der ersten sechs Monate ein, weil bestimmte Hirnbereiche infolge eines Hämatoms lediglich zeitweise nicht mehr richtig funktionieren. In den folgenden sechs Monaten lassen sich weitere Verbesserungen allenfalls sehr langsam erreichen aber zusätzliche Fortschritte sind durchaus zu erwarten.

Falls Ihnen also diese mythische Zweijahresfrist zu Ohren gekommen sein sollte, so lassen Sie sich von Ihrem Arzt bestätigen, daß diese Information nicht den Tatsachen entspricht. Wenn Sie sich in Ihrer Selbsthilfegruppe umhören, werden Sie ebenfalls erfahren, daß es zahlreiche Fälle gibt, in denen auch nach dieser Zweijahresfrist Fortschritte zu verzeichnen waren.

Empfehlungen für den Betreuer

Wie aus dem letzten Abschnitt zu ersehen ist, handelt es sich bei der Genesung nach einem Schädel-Hirn-Trauma um einen äußerst langwierigen Prozeß. Auch wenn Ihr Angehöriger letzten Endes seine Selbständigkeit wiedererlangen wird, braucht er Sie eventuell viele Monate lang als Betreuer; er ist auf Ihre Unterstützung angewiesen, wenn er angesichts der geringen Fortschritte, die er gemacht hat, zu verzweifeln droht. Sie werden ihn auch trösten müssen, wenn ihn seine alten Freunde im Stich lassen, oder wenn seine Geschwister ihm aus dem Weg gehen und ihre Freunde nicht mehr zu Besuch mitbringen wollen.

In dieser Situation kann sich zweierlei als hilfreich erweisen. Zum einen sollten Sie das Tagebuch hervorholen, das Sie während des Krankenhausaufenthaltes angelegt haben und hoffentlich auch danach mit täglichen Eintragungen weitergeführt haben. Lesen Sie es mit Ihrem Angehörigen durch, und staunen Sie, wieviele Fortschritte er seither gemacht hat. Zum anderen sollten Sie stets darauf bedacht sein, seine jetzige Verfassung nie mit der vor dem Unfall zu vergleichen.

In Kapitel 10 gehen wir auf Probleme ein, die daraus resultieren, daß sich ein Familienmitglied, das sich infolge einer besonders schweren Kopfverletzung nie mehr richtig erholen wird, völlig neu orientieren muß. Einige der gegebenen Empfehlungen sind vielleicht auch für diejenigen nützlich, deren Angehörige weniger schwere Verletzungen erlitten haben. Den wichtigsten Rat haben wir Ihnen allerdings bereits gegeben: Blicken Sie immer vorwärts und nie zurück. Wenn Sie Vergleiche ziehen, dann nur zwischen dem jetzigen Zustand des Patienten und dem von vor wenigen Monaten. Setzen Sie sich realistische Ziele.

Schließlich sollten Sie sich unbedingt eines klarmachen: Es ist niemandem geholfen, wenn Sie durch die Betreuung Ihres Angehörigen Ihre eigene Gesundheit ruinieren. Gönnen Sie sich ab und zu einen freien Tag. Wenn Sie keine Angehörigen oder Freunde haben, die für Sie einspringen können, sollten Sie sich an den zuständigen Sozialarbeiter oder Ihre Selbsthilfegruppe wenden. Scheuen Sie sich nicht, Hilfe in Anspruch zu nehmen. Zu einem späteren Zeitpunkt werden Sie unter Umständen dasselbe für eine andere Familie tun und dabei feststellen können, wie gut es tut, einem anderen Betreuer eine Verschnaufpause zu verschaffen.

Fallgeschichten

Michael

Einige Zeit nach dem Fehlschlag mit dem Gedächtnistraining, das ihnen zunächst so vielversprechend erschienen war, baten Michaels Eltern um ein Gespräch mit dem Koordinator des Rehabilitationsprogramms. Sie zeigten sich besorgt über den langsamen Verlauf seiner Genesung und über seine mäßigen Fortschritte. Sie wollten eine Antwort auf die Frage, die zu stellen sie sich bis dahin nicht getraut hatten: „Wird Michael sein Studium jemals wieder aufnehmen können?". In dem eingehenden Beratungsgespräch wurden alle Fortschritte aufgezählt, die Michael bis dahin gemacht hatte, und es wurde darauf hingewiesen, daß nach einer Kopfverletzung ein knappes Jahr eine relativ kurze Zeitspanne für die Genesung darstellt. Die Frage der Eltern wurde jedoch nicht direkt beantwortet. Statt dessen wurde vereinbart, daß von einem erfahrenen Therapeuten zusammen mit dem Rehabilitationsteam ein Programm ausgearbeitet werden sollte, das Michael besser bewältigen würde. Als sich Michael und seine Eltern nach diesem Beratungsgespräch wieder mit dem Rehabilitationsteam trafen, waren sie enttäuscht zu hören, es sei für Michael unrealistisch, sein Jurastudium fortzusetzen. Sie akzeptierten jedoch den Vorschlag des Therapeuten, Michael solle das Studienfach wechseln und sich für eine Ausbildung entscheiden, bei der seine guten mathematischen Fähigkeiten zum Tragen kämen. Sie sahen ein, daß seine Gedächtnisprobleme zwar eine erhebliche Beeinträchtigung darstellten, ihn jedoch nicht notwendigerweise daran hin-dern mußten, ein Universitätsstudium abzu-schließen, wie das beim Verlust der Denkfähigkeit zweifellos der Fall gewe-sen wäre.

Katrin

Obgleich Katrin im Umgang weniger schwierig war, seit sie nicht mehr die Sonderschule besuchte, brauchte sie für alles noch immer sehr lange. Daher war ihre Mutter überaus froh über die Betreuerin, die Katrin morgens ver-sorgte. Sie hatte nun keine Schwierigkeiten mehr, pünktlich an ihrem Ar-beitsplatz zu erscheinen; allerdings mußte sie nach wie vor mit sehr wenig Schlaf auskommen und hatte kaum Zeit für ihren Mann und die anderen Kinder.

Die Betreuerin spürte, daß die Beziehung zwischen Katrins Eltern nicht sehr gut war, und sie eigentlich Hilfe brauchten. Da sie zu beiden ein gutes Verhältnis hatte, konnte sie ihnen nahelegen, sich doch einmal mit anderen Eltern mit ähnlichen Problemen zu treffen. Zwar hatten Katrins Eltern Infor-mationen über eine örtliche Selbsthilfegruppe für Angehörige hirngeschädig-ter Patienten bekommen, doch hatten sie bis dahin weder die Zeit noch die Energie aufbringen können, zu einem Treffen dieser Gruppe zu gehen. Die Betreuerin besorgte einen Babysitter für Katrin und ihre Geschwister und überredete die Eltern, mit ihr zu einem dieser Treffen zu gehen.

Für Katrins Mutter war es eine positive Erfahrung, mit anderen Müttern sprechen zu können. Der Vater allerdings fand das Ganze sehr deprimierend. Seit dem Unfall hatte er sich abwartend verhalten. Er hatte zwar geholfen, so gut er konnte, war dabei jedoch davon ausgegangen, daß Katrin sich in absehbarer Zeit wieder erholen und dann alles wieder seinen gewohnten Gang gehen würde. Auf dem Treffen der Selbsthilfegruppe sprach er mit Eltern, deren Kinder vor fünf oder zehn Jahren einen Unfall gehabt hatten und nach wie vor auf Betreuung angewiesen waren. Während Katrins Mutter die Auskunft beherzigte, jede Kopfverletzung verlaufe anders, und auch Ka-trins Genesung werde nach einem eigenen Muster und Zeitplan ablaufen, orientierte sich ihr Vater daran, über wieviele Jahre hinweg andere Leute ihre kopfverletzten Kinder intensiv betreuen mußten. Nach diesem Treffen wurde er noch schweigsamer und zog sich noch weiter von seiner Familie zurück.

Katrins Mutter gab der Erfahrungsaustausch in der Selbsthilfegruppe enor-men Auftrieb; sie freute sich immer auf die nächsten Treffen. Sie stellte fest, daß aufgrund ihrer Ausbildung andere Mütter ihren Rat suchten, und freute sich, wenn manche ihrer Ratschläge anderen Familien geholfen hatten. Die-ses Engagement vergrößerte jedoch die Barriere zwischen ihr und ihrem Mann zusätzlich. Er nahm ihr übel, daß sie die wenige ihr verbleibende Zeit lieber mit Fremden zubrachte als mit ihm.

Arnold

Während des Urlaubs gab es zahlreiche Momente, in denen Arnold und seine Freundin gar nicht mehr daran dachten, daß er jemals einen Unfall gehabt hatte. Es gab zwar einiges, was ihn überforderte, etwa die Disko im Hotel mit ihrem flimmernden Licht und der lauten Musik; wenn sie jedoch schwimmen gingen oder einfach am Strand lagen, war er wieder ganz der alte.

Auch nach dem Urlaub ging es Arnold eine Zeitlang recht gut. Und zwar deshalb, weil er, wie er selbst meinte, immer noch in Urlaubsstimmung war. Er hatte keinen berufsbedingten Ärger mehr und keinen Grund, nach Terminkalender zu leben. Seine Freundin jedoch konnte nicht unbegrenzt Urlaub nehmen und wurde allmählich immer ungehaltener über seine Laissez-faire-Haltung. Sie konnte nicht verstehen, warum Arnold sich im Urlaub so gut von den Unfallfolgen erholt gezeigt hatte, zu Hause aber nicht einmal die Energie aufbrachte, den Rasen zu mähen, geschweige denn, seinen Lebensunterhalt selbst zu verdienen. Sie hatte den Eindruck, daß Arnold nun endgültig zum alten Eisen gehörte, und begann, ihn entsprechend zu behandeln. Daher überrascht es nicht, daß die Beziehung zum zweiten Male scheiterte.

9. Schulische und berufliche Wiedereingliederung

Monatelang haben alle an der Rehabilitation des kopfverletzten Patienten Beteiligten auf dessen schulische oder berufliche Wiedereingliederung hingearbeitet. Leider scheitert trotz bester Absichten eine derartige Wiedereingliederung zuweilen. Dies kann verschiedene Ursachen haben. Manchmal nimmt der Patient seine Ausbildung oder Berufstätigkeit zu früh wieder auf, weil ihm die Familie, die Lehrer oder der Arbeitgeber aus falschverstandener Rücksichtnahme verschwiegen haben, daß er den Anforderungen noch nicht wieder gewachsen ist; sie wollten die Gefühle des Patienten nicht verletzen. Manchmal kehrt der Patient an seinen alten Studien- oder Arbeitsplatz zurück, obwohl dieser nach dem Unfall für ihn nicht mehr geeignet ist. Um dies zu vermeiden, sollten sich das Rehabilitationsteam, der Arbeitgeber beziehungsweise die Lehrer sowie der Patient samt seiner Familie frühzeitig darüber verständigen, welche Art von Tätigkeiten der Kopfverletzte ausüben kann und welche nicht. Schließlich kann eine Wiedereingliederung daran scheitern, daß es kein systematisches Verfahren gibt, um die einzelnen Schritte dieser Wiedereingliederung zu überwachen.

Voraussetzungen einer erfolgreichen schulischen oder beruflichen Wiedereingliederung

Der Patient muß sich in ausreichendem Maße erholt haben.
Der Patient muß mit seiner Umgebung zurechtkommen.
Der Versuch der schulischen oder beruflichen Wiedereingliederung ist systematisch zu überwachen.

Im folgenden wollen wir zunächst ein ideales Verfahren zur schulischen und beruflichen Wiedereingliederung beschreiben. Danach zeigen wir Möglichkeiten auf, wie sich eine alternative Ausbildung oder Berufstätigkeit finden läßt, falls der alte Studien- oder Arbeitsplatz für den Patienten nicht mehr in Frage kommt. Im letzten Teil dieses Kapitels gehen wir auf Schädel-Hirn-Verletzte ein, bei denen im Hinblick auf ihre berufliche Rehabilitation besondere Probleme auftreten: Führungskräfte, Selbständige, Arbeitslose, Hochbegabte und schlechte Schüler.

Wann kann die schulische oder berufliche Wiedereingliederung erfolgen?

Es gibt recht eindeutige Voraussetzungen, die ein Patient nach einer Kopfverletzung erfüllen muß, bevor er wieder als arbeitsfähig betrachtet werden kann. Er muß in der Lage sein, sich über einen längeren Zeitraum hinweg zu konzentrieren und er muß aufnahmefähig sein; nur so kann er effektive Arbeit leisten. Er muß seine ausbildungs- beziehungsweise berufsspezifischen Fertigkeiten beibehalten oder wiedererlangt haben. Und schließlich muß er über die nötigen sozialen Fähigkeiten verfügen, um das Betriebsklima nicht zu stören.

Voraussetzungen für die schulische oder berufliche Wiedereingliederung nach einem Schädel-Hirn-Trauma

Ausreichende Merk- und Konzentrationsfähigkeit.
Angemessene ausbildungs- oder berufsspezifische Fertigkeiten.
Entsprechende soziale Fähigkeiten.

Sobald der Patient nach seinem Unfall erwacht, werden die genannten Fähigkeiten und Fertigkeiten von den Mitgliedern des Rehabilitationsteams regelmäßig überprüft. Dadurch können sie abschätzen, wann die Wiedereingliederung in Ausbildung oder Beruf erfolgen kann. Probleme treten dann auf, wenn die von ihnen gegebenen Empfehlungen mißachtet werden.

Der Patient wird unter Umständen der Auskunft der Therapeuten, daß er sich noch nicht ausreichend erholt habe, um schulischen oder beruflichen Anforderungen gerecht zu werden, vehement widersprechen. In Kapitel 5 haben wir darauf hingewiesen, daß es Kopfverletzten in der Frühphase nach einem Unfall häufig an Einsicht mangelt und daß sie ihre Fähigkeiten überschätzen. In dieser Verfassung wird der Patient nicht verstehen können, warum man ihn an einer Rückkehr in die Schule oder das Arbeitsleben hindert; schließlich ist er sich seiner Probleme nicht bewußt. Zuweilen sehen Hirnverletzte zwar ein, daß ihr Gedächtnis schlechter ist als vor dem Unfall, oder daß sie offenkundig Konzentrationsprobleme haben; sie bedenken aber nicht, daß sich dies auf Mitschüler beziehungsweise Arbeitskollegen störend auswirken kann – zum Beispiel, wenn sie Fragen stellen, wann immer es ihnen gerade in den Sinn kommt, oder wenn sie dazwischenreden, aus Angst ihre Rede zu vergessen und schließlich, wenn sie aufstehen und ein wenig umhergehen müssen, weil sie sich nicht mehr konzentrieren können. Lehrer oder Vorgesetzte werden dieses Verhalten eventuell als störend empfinden.

Wenn der Patient der festen Überzeugung ist, daß seine Arbeitsfähigkeit von ihm selbst richtig, vom Rehabilitationsteam und den Angehörigen dagegen falsch eingeschätzt wird, kann dies für die Angehörigen recht schwierig werden. Der Patient wird möglicherweise den Eindruck gewinnen, alle hätten sich gegen ihn verschworen. Oftmals fällt es den Angehörigen schwer, sich nicht vom Elan des Kopfverletzten anstecken zu lassen. Insbesondere dann, wenn die Familie ständig von ihm zu hören bekommt, er fühle sich unterfordert und wolle daher unbedingt wieder zur Schule beziehungsweise arbeiten gehen. Die Angehörigen können in aller Regel die Erklärung des Therapeuten nachvollziehen, daß dieses Gefühl der Unterforderung eher ein Zeichen von Frustration ist, weil der Patient aufgrund seiner Konzentrationsmängel noch keine Erfolgserlebnisse haben kann; obendrein ermüdet er so schnell, daß er zu allem schrecklich lange braucht. Aber schließlich sind die Angehörigen doch bereit, diese Einsicht zu verdrängen, um den Patienten wieder glücklich zu sehen.

Manchmal begreifen Familienangehörige oder Freunde nicht, daß die Probleme des Patienten durch die Kopfverletzung bedingt sind. Möglicherweise stempeln sie ihn als faul, unmotiviert oder, wenn es sich um einen Jugendlichen handelt, als aufsässig ab. In diesem Fall sollten Sie mit dem Rehabilitationsteam ein Gespräch vereinbaren; diese Aussprache kann dazu beitragen, daß alle Beteiligten erkennen, weshalb sich der Kopfverletzte unangemessen verhält. Sollte es sich um einen Jugendlichen handeln, läßt sich auf diese Weise klären, welche Probleme tatsächlich mit der Kopfverletzung und welche lediglich mit dem Erwachsenwerden verbunden ist.

Noch schwieriger wird die Situation, wenn die Schule oder der Arbeitgeber dem Drängen des Patienten nachgibt, wieder in die Schule beziehungsweise an den Arbeitsplatz zurückkehren zu dürfen. Normalerweise wird der Patient einige Zeit nach der Entlassung aus dem Krankenhaus seinem Arbeitgeber einen Besuch abstatten. Dieser weiß im allgemeinen wenig über die typischen Nachwirkungen einer Kopfverletzung. Oftmals stellt er während des kurzen Besuches keine Veränderung im Verhalten oder Befinden seines Angestellten fest. Ist nicht ersichtlich, daß sich der Patient noch nicht wieder im Vollbesitz seiner Kräfte befindet, wird ihn der Arbeitgeber entweder fragen, wann er wieder an seinen Arbeitsplatz zurückkehren wird, oder aber das Angebot des Patienten annehmen, die Arbeit demnächst wieder aufzunehmen. Ist jedoch für den Arbeitgeber erkennbar, daß der Patient durch seinen Unfall nach wie vor beeinträchtigt ist, läßt er sich vielleicht aus falsch verstandenem Mitleid dazu verleiten, ihm in Aussicht zu stellen, zu jedem beliebigen Zeitpunkt die Arbeit wieder aufnehmen zu können. Manchmal ist daran auch die Zusage geknüpft, es werde sich für den Patienten schon eine geeignete Arbeit finden.

In einigen Fällen ist es tatsächlich die beste Lösung, dem Patienten nachzugeben. So kann er selbst die Erfahrung machen, daß er im Falle einer übereilten Rückkehr ins Berufsleben am Arbeitsplatz zu rasch ermüdet, was seine übrigen Probleme noch verschlimmert; möglicherweise bekommt er häufiger

Kopfschmerzen, oder er hat größere Schwierigkeiten mit dem Gedächtnis und verliert leichter die Geduld. Je mehr er sich anstrengt, desto schlimmer sind die Folgen. Sobald er müde ist, macht er mehr Fehler; er vergißt, was man ihm aufgetragen hat, trifft er falsche Entscheidungen und wird mit immer größerer Enttäuschung darauf reagieren, daß keinerlei Fortschritte zu verzeichnen sind. Wenn gegen derartige Probleme nichts unternommen wird, kann es zu Reibereien mit anderen Angestellten oder dem Vorgesetzten kommen. Vielleicht verliert der Betreffende dadurch die Freude an seiner Tätigkeit, oder er bekommt nur noch leichte Arbeiten aufgetragen, so daß er sich schließlich überflüssig vorkommt und resigniert. Schlimmstenfalls wird er sogar entlassen.

Zuweilen wird ohne Rücksprache mit dem Rehabilitationsteam über die Rückkehr an den Arbeitsplatz entschieden. Dies geschieht insbesondere dann, wenn die Familienmitglieder von der körperlichen Genesung des Patienten so sehr überzeugt sind, daß sie sich zu der Annahme verleiten lassen, er habe sich geistig gleichermaßen erholt. Die verfrühte Rückkehr ins Berufsleben kann aber auch auf Fehlinformationen und Mißverständnissen beruhen, nämlich dann, wenn der Patient bei einem Unfall Mehrfachverletzungen erlitten hat, und mehrere Therapeuten mit Ihrem Angehörigen arbeiten, ohne sich untereinander zu verständigen. So kann etwa der Orthopäde den Patienten für arbeitsfähig erklären, ohne zu ahnen, daß dieser sich noch gar nicht ausreichend von seiner Kopfverletzung erholt hat. Manchmal fehlt es leider auch an der nötigen Zusammenarbeit zwischen dem Rehabilitationsteam und dem Hausarzt. Dieser verfügt nicht in jedem Fall über das erforderliche Detailwissen, um eine Entscheidung über die berufliche Wiedereingliederung zu treffen. Dies ist besonders dann der Fall, wenn er über die Fortschritte seines Patienten nicht auf dem laufenden gehalten wurde. Im allgemeinen ist er jedoch derjenige Arzt, der den Patienten am besten kennt und daher am ehesten zu Rate gezogen werden sollte, wenn die berufliche Rehabilitation ansteht.

Welche Tätigkeit kann der Patient ausüben?

Für den Patienten gibt es auf diese Frage nur eine Antwort: diejenige, die er bereits vor dem Unfall ausgeübt hat. Normalerweise müssen dabei jedoch zumindest in der Anfangsphase Abstriche gemacht werden, weil im allgemeinen die Wiederaufnahme der beruflichen Tätigkeit schon erfolgt, bevor der Betreffende sich vollständig erholt hat. In Kapitel 5 haben wir einige der längerfristigen Nachwirkungen des Schädel-Hirn-Traumas beschrieben, durch die sich Einschränkungen der Leistungsfähigkeit ergeben.

Zum einen wird der Patient wegen seiner leichten Ermüdbarkeit zunächst nicht in der Lage sein, ganztags zu arbeiten. Es sollte also eine Teilzeitarbeit vereinbart werden. In diesem Zusammenhang muß geklärt werden, inwieweit er die Kontrolle über seine Gefühle wiedererlangt hat beziehungsweise bei Übermüdung die Nerven verliert. Danach kann das Rehabilitationsteam beispielsweise empfehlen, den Patienten zunächst nicht für Tätigkeiten mit Publikumsverkehr einzusetzen, falls er sich dadurch unter Druck gesetzt fühlen könnte.

Zum anderen darf die Arbeit die Konzentrationsfähigkeit des Patienten nicht überfordern. Er wird mehr zu leisten imstande sein, wenn er nicht in einem Umfeld mit hohem Geräuschpegel oder vielen Ablenkungen arbeiten muß. Gegebenenfalls muß ihm die Bedienung von Maschinen oder das Führen von Fahrzeugen aufgrund verlangsamter Reaktionszeiten untersagt werden. Wenn das Gedächtnis noch nicht richtig funktioniert, sollten ihm Aufgaben übertragen werden, bei denen er sich nicht zu viel zu merken braucht, oder bei denen er sich mit Gedächtnisstützen behelfen kann. Manchmal treten bei einem Schädel-Hirn-Verletzten noch Gleichgewichtsprobleme auf, so daß Tätigkeiten auf Leitern oder Gerüsten vermieden werden sollten. Neben seiner Kopfverletzung kann er unter weiteren Beeinträchtigungen leiden, die ihm im Berufsleben Grenzen setzen.

In den meisten Fällen wird ein Mitglied des Teams, für gewöhnlich der Ergotherapeut oder der Sozialarbeiter, die Arbeitsstelle aufsuchen, um sicherzustellen, daß der Patient die dortigen Aufgaben auch bewältigen kann.

Wie läßt sich der Erfolg eines Arbeitsversuchs feststellen?

(In den beiden folgenden Abschnitten wird eine Idealsituation beschrieben, die man in Deutschland wegen der damit verbundenen Kosten bisher nur sehr selten antrifft. Vorausschauende Planung, Überprüfung und intensive Nachbetreuung während des Arbeitsversuchs stellen erstrebenswerte Ziele dar. In den meisten Fällen ist es für Patienten und Betreuer jedoch noch wenig realistisch, diese Leistungen von ihrem Rehabilitationszentrum zu erwarten. Manche dieser Vorschläge können aber durch entsprechende Eigeninitiative verwirklicht werden.) Für die meisten Menschen sind die ersten Tage in einer neuen Schule oder an einer neuen Arbeitsstelle sehr aufregend. Auch für Menschen, die wegen einer Kopfverletzung eine Zeitlang aussetzen mußten, ist die Aufregung groß. Wenn der Patient endlich grünes Licht für die Fortsetzung seiner Ausbildung beziehungsweise seiner Berufstätigkeit bekommen hat, wird ihn die vermehrte Ausschüttung des Hormons Adrenalin in aller Regel über die erste Woche hinweghelfen. Aus diesem Grunde dürfen wir uns nicht davon blenden lassen, wie er in den ersten drei bis vier Tagen zurechtkommt. Vielmehr müssen wir betrachten, wie es ihm in den ersten drei bis vier Wochen ergeht.

Der Patient selbst, der Arbeitgeber, das Rehabilitationsteam und der Betreuer sollten an der Auswertung des Arbeitsversuchs beteiligt sein. Das Team wird zur Kontrolle meist einen Plan zur Wiedereingliederung aufstellen und sich wöchentlich vom Arbeitgeber berichten lassen. Diesen Berichten gemäß wird die Zahl der Arbeitsstunden der Leistungsfähigkeit des Patienten angepaßt. Manchmal werden jedoch keine derartigen Absprachen getroffen, so daß der Patient aufgrund fehlender Rückmeldung unter Umständen Arbeiten ausführt, die ihn entweder unter- oder aber überfordern.

Manchmal ist der Arbeitgeber nicht gewillt, die berufliche Rehabilitation zu einem baldigen Abschluß zu bringen, da er dem Patienten während des Arbeitsversuchs keinen Lohn zu zahlen braucht. (In Deutschland werden die Kosten für eine schrittweise Wiedereingliederung von der Krankenkasse getragen.) Für den Arbeitgeber besteht folglich kein Anreiz, sich an das Rehabilitationsteam, den Kostenträger oder den Patienten zu wenden, um mitzuteilen, daß der Kopfverletzte wieder voll arbeitsfähig ist. In solchen Fällen ist eine vom Arbeitgeber unabhängige Bewertung des Leistungsniveaus des Patienten erforderlich.

Auch wenn der Patient bei den Vereinbarungen in Bezug auf die berufliche Wiedereingliederung eine zentrale Rolle spielt, so ist er doch wegen seiner Kopfverletzung am wenigsten in der Lage, seine Fortschritte zu beurteilen. Die Unterstützung durch die Angehörigen oder den Betreuer ist von großer Bedeutung, weil sie beurteilen können, ob der Patient übermüdet ist, wenn er nach Hause kommt, und ob er zu Hause reizbarer, unruhiger oder aggressiver ist. Dies wären eindeutige Anzeichen dafür, daß die Arbeitszeit verringert werden sollte. Über solche Entwicklungen muß das Rehabilitationsteam unbedingt informiert werden. Auch wenn der Patient eine Reduzierung der Arbeitszeit als Mißerfolg empfinden mag, sollte der Wunsch, seine Gefühle nicht zu verletzen, die Betreuer nicht zu unüberlegtem Handeln verleiten. Eine Verringerung der Arbeitszeit während eines Arbeitsversuchs bedeutet keineswegs einen Fehlschlag, sondern vielmehr ein Zeichen für eine funktionierende Zusammenarbeit aller an der Überwachung und Auswertung des Arbeitsversuchs Beteiligten.

Schrittweise Wiedereingliederung in die vor dem Unfall begonnene Ausbildung oder den vor dem Unfall ausgeübten Beruf

Planung

Die Planung der schulischen oder beruflichen Wiedereingliederung beginnt lange bevor der Patient sich so weit erholt hat, daß er einen Wiedereingliederungsversuch unternehmen kann. Ein Mitglied des Rehabilitationsteams sucht den Lehrer oder Arbeitgeber auf, um ihn über die durch die Kopfverletzung bedingten Schwierigkeiten zu informieren. Gemeinsam werden sie einen Plan erstellen, in dem festgelegt wird, welche Aufgaben der Patient wieder übernehmen kann, und welche Änderungen seines Aufgabenbereichs oder seines Arbeitsplatzes erforderlich sind. Hat der Patient vor dem Unfall in einer lauten Fabrikhalle gearbeitet, so wird er nun zunächst in einem anderen, ruhigeren Bereich des Unternehmens eingesetzt werden, beispielsweise im Lager. Hat ein Schulkind mit einer Kopfverletzung Schwierigkeiten aufgrund des Geräuschpegels und der Unruhe im Klassenzimmer, sollten feste Ruhephasen vereinbart werden, in denen sich das Kind erholen kann. Zudem sollte das Kind Nachhilfeunterricht erhalten, um das Versäumte aufzuholen.

Dem Arbeitgeber oder Lehrer muß erläutert werden, daß der Patient nicht fähig ist ein volles Arbeits- oder Unterrichtspensum zu bewältigen, und daß es voraussichtlich Tage geben wird, an denen der Schädel-Hirn-Verletzte kaum oder nur für kurze Zeit seinen Aufgaben nachkommen kann. Der Patient muß die Möglichkeit haben, sich hinzulegen, wenn er sich nicht wohl fühlt, oder früher nach Hause zu gehen, falls dies nötig sein sollte.

Durchführung

Hat sich der Zustand des Patienten so weit gebessert, daß mit der schulischen oder beruflichen Wiedereingliederung begonnen werden kann, wird ein Treffen zwischen Patient, Betreuern, Lehrern oder Arbeitgeber sowie Rehabilitationsteam vereinbart. Bei diesem Treffen soll das weitere Vorgehen nochmals mit allen Beteiligten abgesprochen und ein Verfahren zur Überwachung von Verlauf und Ergebnis des Arbeitsversuchs ausgearbeitet werden. Sollten dem Patienten und seinen Angehörigen die Ziele als zu niedrig angesetzt erscheinen, werden die Teammitglieder darlegen, wie wichtig es ist, klein anzufangen und Anforderungen, beispielsweise im Hinblick auf die Arbeitszeit, schrittweise zu erhöhen. So kann es sinnvoll sein, anfangs die Arbeitszeit auf zwei bis drei Stunden an zwei bis drei Wochentagen zu begrenzen.

Dabei wird es sich um Vormittagsstunden handeln, da der Patient um diese Tageszeit aufnahmefähiger ist. Die Stundenzahl wird erst erhöht, wenn der Kopfverletzte zu Hause und bei der Arbeit gleichermaßen zurechtkommt.

Überprüfung

Normalerweise wird das Rehabilitationsteam den Patienten an den Tagen weiterbetreuen, an denen er nicht zur Schule oder arbeiten geht, und auf diese Weise feststellen, welche Fortschritte er macht. In regelmäßigen Abständen ist die Stundenzahl zu überprüfen und Kontakt mit dem Lehrer oder Arbeitgeber aufzunehmen, um auftretende Probleme zu klären. Wir haben bereits auf die in dieser Phase besonders wichtige Rolle der Angehörigen hingewiesen, die Auskunft darüber geben können, wie sich der Patient zu Hause verhält. Daher sollten sie in den Prozeß der schulischen oder beruflichen Wiedereingliederung unbedingt miteinbezogen werden.

In manchen Fällen muß nur die Arbeitszeit reduziert werden, um der raschen Ermüdung entgegenzuwirken. Sollten Lehrer oder Vorgesetzte wechseln, müssen die erforderlichen Informationen weitergegeben werden, um die Nachfolger mit der Situation des Patienten vertraut zu machen.

Umschulung

Wie bereits mehrfach dargelegt, können manche Patienten nach einer Kopfverletzung wesentlich schneller und nachhaltiger ermüden und infolgedessen auch nur eine begrenzte Anzahl von Stunden hindurch effizient arbeiten. Dieses Problem trifft natürlich auch auf Patienten zu, die noch nicht einmal auf Teilzeitbasis an ihren alten Arbeitsplatz zurückkehren können. Für sie stellt sich zunächst die Frage, welche andere Tätigkeit sie ausüben können. Dabei sind unter Umständen zusätzliche Einschränkungen zu berücksichtigen: Ist beispielsweise ein Arm oder Bein in seiner Funktionsfähigkeit beeinträchtigt, kann der Betreffende keine körperlich anstrengenden Arbeiten ausführen; ist dagegen seine Denkfähigkeit verlangsamt oder seine Merkfähigkeit vermindert, kann er keine anspruchsvolle geistige Tätigkeit ausüben.

Ist der Patient schließlich zu der Einsicht gelangt, daß er seinen alten Beruf nicht mehr wird ausüben können, wird er eine andere Beschäftigung anstreben, die vermutlich zwar attraktiv, aber völlig unrealistisch ist. Wenn ihm etwa eine Schreibtischtätigkeit empfohlen wird, könnte er sich zum Beispiel für den Beruf des Steuerberaters entscheiden, obgleich seine Fähigkeiten allenfalls zum Büroangestellten reichen. In Kapitel 5 wurde darauf hingewiesen, daß eine Kopfverletzung die Fähigkeit beeinträchtigen kann, komplexe Entscheidungen zu treffen, so daß der Patient oftmals nicht beurteilen kann, welche neue Tätigkeiten für ihn überhaupt in Frage kommen. Natürlich sind bei der Berufswahl seine Vorlieben und Abneigungen zu berücksichtigen. Er braucht aber darüber hinaus die Hilfe seiner Angehörigen und der Therapeuten, um einschätzen zu können, welche Umschulungsmaßnahmen in seinem Fall sinnvoll sind.

Manchmal sind es nicht nur die unrealistischen Vorstellungen des Patienten, die für die Wahl eines ungeeigneten Berufs ausschlaggebend sind. In einer karriere- und erfolgsorientierten Familie ist die Entscheidung für eine weniger verantwortungsvolle Position für alle nur schwer zu akzeptieren. Doch leider müssen viele Menschen nach einer Kopfverletzung mit andauernden Behinderungen leben, und ihre Berufswahl ist dadurch erheblich eingeschränkt. Daher müssen die Angehörigen dem Patienten eine Beschäftigung nahelegen, der er gewachsen ist, und ihn nicht zu einer Tätigkeit drängen, die ihn völlig überfordern würde.

Patientengruppen mit speziellen Problemen

Leitende Angestellte und Manager

Menschen in gehobenen, verantwortungsvollen Positionen haben besondere Schwierigkeiten bei der beruflichen Wiedereingliederung, da die Auswirkungen der Kopfverletzung gerade diejenigen Fertigkeiten betreffen, die sie in ihrem Beruf am meisten benötigen. Bei diesen Patienten müssen die Entscheidungsfähigkeit sowie das Konzentrationsvermögen in einem höheren Maß wiederhergestellt sein als bei jemandem, der eine Routinetätigkeit ohne großen Entscheidungsspielraum ausübt. Leitende Angestellte brauchen daher länger, um ihre Arbeit wieder aufnehmen zu können. Auch ein Mensch mit großem Selbstvertrauen wird sich Sorgen über die während seiner Abwesenheit im Betrieb vorgenommenen Veränderungen und über seine berufliche Zukunft machen.

Leitende Angestellte und Manager bedürfen für die Wiedereingliederung in den Arbeitsprozeß einer besonderen Hilfestellung. Sie sind verständlicherweise sehr darauf bedacht, daß ihre Vorgesetzten und Geschäftspartner nichts über den Unfall oder die damit verbundenen Probleme erfahren. Aus diesem Grund braucht der Patient einen erfahrenen und kompetenten Berater, der ihm dabei hilft, die Arbeit so einzuteilen, daß er sich nicht überfordert. So müssen etwa die anstrengensten Sitzungen und Termine für den frühen Morgen geplant werden. Er darf sich nicht drängen lassen und wichtige Entscheidungen erst treffen, nachdem er genügend Zeit gehabt hat, alle Aspekte eingehend zu bedenken. Außerdem muß er bereit sein, zur Entlastung seines Gedächtnisses Hilfsmittel einzusetzen, beispielsweise ein Diktiergerät.

Zu dieser Patientengruppe gehören viele nicht mehr ganz junge Menschen. Wie in Kapitel 7 dargelegt, erholen sich jedoch ältere Menschen manchmal überhaupt nicht mehr vollständig. In solchen Fällen sollte die Möglichkeit einer weniger anstrengenden Aufgabe oder des vorzeitigen Ruhestands in Betracht gezogen werden.

Selbständige

Auch wenn ein Selbständiger ausreichend versichert ist, fällt es ihm oftmals schwer, so lange von der Arbeit fern zu bleiben, wie es eigentlich nötig wäre. Wenn es sich um ein kleines Unternehmen handelt, ist häufig niemand ausreichend qualifiziert, um ihn zu vertreten. Handelt es sich dagegen um ein größeres Unternehmen, macht sich der Patient vielleicht Sorgen über die Arbeitsmoral während seiner Abwesenheit. Ist er unter- oder überhaupt nicht versichert, können ihn finanzielle Schwierigkeiten dazu veranlassen, die Arbeit zu früh wieder aufzunehmen. Obendrein hat er die gleichen Probleme, wie sie im letzten Abschnitt für den leitenden Angestellten beschrieben wurden. In manchen Fällen ist es möglich, jemanden einzustellen, der seine Aufgaben übernimmt, in anderen Fällen mag es besser sein, das Unternehmen zu verkaufen, bevor es infolge seiner Abwesenheit heruntergewirtschaftet ist. Nach Möglichkeit sollte ein Geschäftspartner oder Freund herangezogen werden, um dem Patienten und seinen Angehörigen dabei zu helfen, die vernünftigste Entscheidung zu treffen.

Arbeitslose

Es mag zwar seltsam klingen, bei jemandem, der vor seinem Unfall gar nicht gearbeitet hat, von einer beruflichen Wiedereingliederung zu sprechen. Doch gerade aus diesem Umstand können sich bei einem Arbeitslosen nach einer Kopfverletzung spezielle Probleme ergeben. Einen Arbeitsversuch zu unternehmen, ist ein wichtiger Schritt im Rehabilitationsprozeß, der durchweg erfolgreicher verläuft, wenn er in der Umgebung stattfinden kann, welche dem Patienten schon vor dem Unfall vertraut war. Hat dieser jedoch nur wenige oder gar keine Qualifikationen oder Berufserfahrung aufzuweisen, ist es natürlich um so schwieriger, für ihn einen Arbeitsplatz zu finden. Wenn er zudem, wie es häufig der Fall ist, über keine Unfallversicherung verfügt, könnte er ohne eine bezahlte Anstellung bald finanzielle Schwierigkeiten bekommen.

Doch aufgrund seiner Kopfverletzung hat der Patient bei einem Einstellungsgespräch geringere Chancen, einen guten Eindruck zu hinterlassen.

Möglicherweise kann er auf Fragen nicht schnell genug antworten, vielleicht beherrscht er die sozialen Umgangsformen noch nicht wieder, oder er hat die Fähigkeit noch nicht wiedererlangt, seine Wirkung auf andere einzuschätzen. Obendrein ziehen es Arbeitgeber vor, jemanden einzustellen, der noch nicht allzu lange aus dem Arbeitsprozeß ausgeschieden ist. Wenn die Dauer der Arbeitslosigkeit durch eine Kopfverletzung bedingt ist, dann ist ein Bewerber für den Arbeitgeber häufig noch weniger akzeptabel.

Der überdurchschnittliche Schüler

Die Fähigkeit, zu lernen und sich zu konzentrieren, ist schon bei leichten Kopfverletzungen beeinträchtigt. Unabhängig davon, wie intelligent der Schüler ist, wird es ihm durch eine Kopfverletzung erschwert sein, den Anforderungen in der Schule zu genügen. Auch wenn sein überdurchschnittliches Wissen einen Vorteil darstellt, so hat er doch nun in den meisten Fällen damit zu kämpfen, daß er sich in seinem ganzen Leben beim Lernen niemals besonders anzustrengen brauchte. Er mußte Dinge, die er lernen wollte, nicht erst ständig wiederholen. Es wird ihn zutiefst verunsichern, wenn er nun aber genau dies machen muß. Er benötigt jetzt vielleicht ebenso viel Zeit wie seine Klassenkameraden, um sich einen bestimmten Lernstoff anzueignen. Verglichen mit seinen früheren Fähigkeiten sind seine Gedächtnisprobleme nicht zu übersehen.

Ähnliches gilt auch im Hinblick auf andere Auswirkungen der Kopfverletzung. Da er früher überdurchschnittliche Fähigkeiten besaß, sind seine Leistungen möglicherweise noch immer durchschnittlich. Doch schon dies kann dem Patienten bereits zu schaffen machen. Bleibt der Schüler in seinen Leistungen jedoch unter dem Durchschnitt, bedarf er einer speziellen Beratung, um den Verlust früherer Fertigkeiten zu verkraften und seinen Lehrplan so umzustellen, daß er die ihm verbliebenen Fähigkeiten optimal nutzen kann.

Der unterdurchschnittliche Schüler

Da ein schlechter Schüler schon immer Schulprobleme hatte, kann es Eltern wie Lehrern leicht entgehen, daß er jetzt Gedächtnis- und Sprachschwierigkeiten hat, die mit seiner Kopfverletzung zusammenhängen. Hatte er bereits vorher beispielsweise beim Lesen Schwierigkeiten, so wird eine Schädigung der für das Lesen zuständigen Hirnzentren vielleicht nicht weiter auffallen.

Da sich das Kind auch vor seinem Unfall in der Schule schwer getan hat, verfügt es über weniger Grundlagen, auf die es aufbauen könnte, um die neu aufgetretenen Schwierigkeiten in den Griff zu bekommen. Möglicherweise nimmt es auch nicht mehr an weniger lernbezogenen Aktivitäten teil (zum

Beispiel sportlichen), bei denen die Lernbehinderung kein Handikap darstellt. Auch in diesen Fällen ist eine Beratung wichtig, damit das Kind erkennen kann, wo seine Schwierigkeiten im einzelnen liegen, und welchen Beschäftigungen es sich zuwenden kann, um Erfolgserlebnisse zu erzielen.

Fallgeschichten

Michael

Genau 18 Monate nach seinem Unfall besuchte Michael die erste Vorlesung eines Einführungskurses in die EDV, zu dem er sich an seiner früheren Universität eingeschrieben hatte. An den Vorbereitungen dazu waren mehrere Personen beteiligt. Michael und seine Eltern hatten sich viel Zeit genommen, um sich über Kurse zu informieren, die für ihn in Frage kommen könnten. Schließlich hatten sie sich für diesen Einführungskurs entschieden, der zwölf Monate dauerte und nur zwei Vorlesungen und ein Übungsseminar in der Woche umfaßte. Daraufhin hatte der Rehabilitationsberater mit denjenigen Mitgliedern der Fakultät gesprochen, mit denen Michael zu tun haben würde und er klärte sie über Michaels Gedächtnis- und Konzentrationsprobleme auf. Der Sozialarbeiter hatte dafür gesorgt, daß Michael die ersten sechs Monate in einem Studentenwohnheim unterkommen konnte; dies bedeutete eine erhebliche Entlastung für ihn, so daß er sich ganz auf seine Vorlesungen konzentrieren konnte. Ein anderes Mitglied des Rehabilitationsteams hatte Michael einen Kassettenrecorder besorgt, damit er während der Vorlesungen nicht mitschreiben mußte.

Michael hatte zwar etwas zwiespältige Gefühle, was diese Sonderstellung betraf, er war aber dennoch sehr froh darüber, endlich wieder studieren zu können. Michaels Vater war etwas enttäuscht, weil sein Sohn kein ordentliches Studium aufnehmen konnte, aber es gelang ihm, dies für sich zu behalten. Michaels Mutter freute sich, wie gut das Studium ihrem Sohn tat. Sie hatte aber auch Schuldgefühle: Ihre Erleichterung rührte zum Teil auch daher, daß sie ihre Unabhängigkeit wiedererlangt hatte, die sie nach Michaels Unfall hatte aufgeben müssen.

Auch die Mitglieder des Rehabilitationsteams waren zufrieden. Sie verfolgten, wie es Michael an der Universität erging und strichen ihn so lange nicht von ihrer Behandlungsliste, bis sie sicher waren, daß er die an ihn gestellten Anforderungen erfüllen konnte. Jedes der Teammitglieder freute sich, seinen Teil dazu beigetragen zu haben, daß Michael bis zu dieser Stufe gelangt war.

Katrin

Knapp zwei Jahre nach dem Unfall – in der gleichen Woche, in der ihr Vater die Familie verließ – begann Katrin wieder in die Schule zu gehen. Der Sozialpädagoge war der Meinung, es sei das beste für sie, wenn sie seinen Auszug nicht miterlebte. Ihre Mutter war über das Zerbrechen ihrer Ehe noch zu sehr schockiert; sie hatte keine Einwände. Da Katrins Rückkehr in die Schule durch die Familienkrise beschleunigt worden war, hatten die sonst üblichen Vorbereitungsgespräche zur Aufklärung ihrer Lehrer und Mitschüler nicht stattgefunden.

Katrin war so aufgeregt darüber, endlich wieder zur Schule gehen zu dürfen, daß sie kaum schlafen konnte. Sie hörte zwar das Schluchzen ihrer Mutter während der Nacht, machte sich aber kaum Gedanken darüber. Eine alte Freundin der Familie, die pensionierte Lehrerin, schlief im Gästebett in Katrins Zimmer. Sie war gekommen, um Katrin in dieser gespannten Situation beizustehen. Katrin weckte sie mehrere Male in der Nacht auf und wollte wissen, ob es nicht schon Zeit sei, sich für die Schule fertigzumachen.

In der Schule wurde Katrin von den anderen Kindern mit Fragen gelöchert. Sie stand am ersten Tag im Mittelpunkt des Interesses. Der Schulleiter begrüßte sie bei der morgendlichen Schulversammlung besonders herzlich. Sie durfte wieder in ihre alte Klasse zurück. Davon, worüber der Lehrer sprach, begriff sie nicht viel, und es fiel ihr schwer, die ganze Zeit stillzusitzen. Ihr Lehrer gestattete ihr am ersten Tag, nur zuzuhören und erwartete keine Mitarbeit von ihr. Dennoch war sie gegen Mittag sehr erschöpft. Während der Mittagspause drängelten sich ihre Mitschüler um sie. Alle wollten unbedingt neben ihr sitzen. Das gefiel Katrin. Und ihr gefiel auch die Art, wie die anderen Kinder sie zum Lachen bringen konnten. Katrin bemerkte jedoch nicht, daß sich die anderen Kinder in Wirklichkeit nur über sie und ihr nicht enden wollendes unmotiviertes Lachen lustig machten.

Als Katrin am Nachmittag wieder ins Klassenzimmer zurückkehrte, mußte sie immer noch lachen, worüber ihr Lehrer ziemlich verärgert war. Noch ungehaltener wurde er, als Katrin ihre Augen nicht mehr offenhalten konnte und auf ihrer Bank einschlief. Dennoch wollte sie am nächsten Tag unbedingt wieder in die Schule gehen, sie fürchtete allerdings, ihr Lehrer würde dies nicht erlauben. Dieser Gedanke beschäftigte sie so sehr, daß sie im Klassenzimmer nach vorne lief, um mit dem Lehrer darüber zu sprechen. Dieser erläuterte der Klasse gerade die Grundlagen des Einmaleins und war natürlich von der Störung seines Unterrichts alles andere als begeistert.

Katrin erhielt die Erlaubnis, auch am nächsten Tag in ihre alte Klasse zu gehen; sie war dort aber wiederum leicht ablenkbar und störte zugleich die anderen Kinder, so daß sie in eine andere Klasse versetzt wurde. Dort wurde sie von einer Lehrerin unterrichtet, die sie bereits vor ihrem Unfall gehabt hatte. Da diese Lehrerin Katrin gut kannte, wußte sie, daß hinter ihrem

Verhalten keine böse Absicht steckte. Sie erkannte, daß die Unruhe und der Lärm in der Klasse es Katrin erschwerten, dem Unterricht zu folgen. Auf Initiative der Lehrerin wurde Katrins Stundenplan geändert. Unterrichtsstunden im Klassenzimmer und Ruhepausen sollten sich ablösen. Die bereits erwähnte pensionierte Lehrerin wurde gebeten, Katrin Einzelunterricht zu erteilen. Von da an ging alles wesentlich besser. Während des Unterrichts in der Klasse sorgte die Lehrerin dafür, daß Katrin von den anderen Schülern nicht als Klassenkasper oder Außenseiter angesehen wurde, und daß sie ihre Aufgaben auch erfüllen konnte.

Gegen Ende des Schuljahres hatte Katrin einige Fortschritte gemacht. Als die Frage anstand, ob sie in eine andere Klasse versetzt werden sollte, wollte ihre Mutter, daß sie wieder mit Gleichaltrigen in eine Klasse gehen sollte. Zum Glück kam man diesem Wunsch nicht nach. Denn wie die Lehrerin festgestellt hatte, verbrachte Katrin auf dem Schulhof die meiste Zeit mit jüngeren Kindern. Die meisten ihrer früheren Freundinnen waren ihr gegenüber ziemlich unfreundlich und machten sich über sie lustig. Nach Ansicht der Lehrerin bekäme Katrin in einer höheren Klasse nicht nur schulische Schwierigkeiten sondern würde sich außerdem im Kreise ihrer ehemaligen Freundinnen sehr unwohl fühlen. So wurde also beschlossen, Katrin die Klasse wiederholen zu lassen. Mit Hilfe einer einfühlsamen Lehrerin, die behutsam auf ihre Bedürfnisse einging, konnte Katrin ihre schulische Laufbahn fortsetzen. Auch ihre Mutter sah schließlich ein, daß dies ein beachtlicher Erfolg war.

Arnold

Zwei Jahre nach seinem Unfall hatte sich Arnold noch immer nicht ausreichend erholt, um seinen Lebensunterhalt selbst zu verdienen. Er hatte aufgehört, seine Stammkneipen oder andere Lokale aufzusuchen, in denen er vor dem Unfall einen großen Teil seiner Freizeit verbracht hatte. Er konnte es nämlich nicht ertragen, daß manche seiner alten Freunde ihm Fragen stellten wie: „Was Alter, du arbeitest immer noch nicht? Dein Unfall ist doch schon über zwei Jahre her!" Obgleich ihm das Rehabilitationsteam davon abgeraten hatte, entschloß sich Arnold, in eine andere Stadt zu ziehen. Dies erwies sich jedoch als Fehler. Es gelang ihm nicht, neue Freundschaften zu schließen, und er konnte sich nicht an seine neue Umgebung gewöhnen. Außerdem vermißte er den Rückhalt der Therapeuten, die ihn im Rahmen seines ambulanten Rehabilitationsprogramms betreut hatten.

Arnold verfiel in eine schwere Depression. Als ihn seine Tochter besuchte, war sie sehr um ihn besorgt. Sie überredete ihn, in seine Heimatstadt zurück zu ziehen, um ihn besser im Auge behalten zu können. Anfangs reagierte Arnold recht zwiespältig auf diese Idee: Zwar behagte ihm sein neues Leben nicht, und er hatte eigentlich den Wunsch, zurückkehren, doch auch der Gedanke, von seiner Tochter wie ein Kind behandelt zu werden, gefiel ihm nicht sonderlich.

Doch dann trat eine Wende ein. Mit Hilfe des Rehabilitationsberaters fand Arnold eine Teilzeitstelle als Betreuer lernbehinderter Kinder, wobei ihm seine Erfahrungen als Lehrer zugute kamen. Zwar hielt er anfangs nur zwei bis drei Stunden durch, bevor ihn die Müdigkeit überkam, aber er war überaus glücklich in dem Bewußtsein, etwas geleistet zu haben. Endlich hatte er das Gefühl, sein Leben habe wieder einen Sinn. Im Laufe der Jahre fand er sich damit ab, daß sein Alter gegen ihn arbeitete, und er wohl nie wieder eine bezahlte Stellung finden würde. Er setzte jedoch seine Arbeit mit den Kindern fort, bis er in den Ruhestand trat. Bei den Mitarbeitern des Rehabilitationszentrums waren sein Rat und seine Hilfe sehr gefragt.

10. Neuorientierung

Leider erholen sich nicht alle Patienten nach einer Kopfverletzung wieder so weit, daß eine schulische oder berufliche Wiedereingliederung in Betracht kommt. Sie werden selbst dann nicht mehr ins Berufsleben zurückkehren können, wenn sie die im letzten Kapitel gegebenen Ratschläge befolgen und durch verständnisvolle Angehörige unterstützt werden. Durch ihre eingeschränkten geistigen und körperlichen Fähigkeiten sind sie auf dem freien Arbeitsmarkt nicht vermittelbar.

Wenn Sie die vorausgegangenen Kapitel aufmerksam gelesen haben, wissen Sie inzwischen, daß die Genesung nach einer Kopfverletzung oftmals viele Jahre dauern kann. Unter Umständen müssen sich Betroffene schweren Herzens eingestehen, daß es niemals zu einer vollständigen Genesung kommen wird. Möglicherweise müssen auch Sie und Ihr Angehöriger sich irgendwann damit abfinden, daß Ihr Leben nie mehr wie früher sein wird. Nun müssen Sie Ihre Erwartungen revidieren und sich realistischere Ziele setzen.

Es ist nur schwer zu verkraften, daß ein Angehöriger nicht vollständig genesen wird. Zunächst werden Sie deprimiert sein und vielleicht sogar das Gefühl haben, den Patienten im Stich zu lassen. Wenn es Ihnen nicht gelingt, sich neue Ziele zu stecken, laufen Sie Gefahr, unnötige Frustrationen aufzubauen, vor allem dann, wenn Ihre Erwartungen an die Zukunft unrealistisch und daher zum Scheitern verurteilt sind. In diesem Kapitel wollen wir einige Phasen beschreiben, die Sie auf dem Weg, zu einer Neuorientierung durchlaufen müssen. Bedenken Sie jedoch, daß die im folgenden gegebenen Empfehlungen eine individuelle Beratung keineswegs ersetzen können. Sie sollten sich daher unbedingt bei Ihrem Hausarzt nach Hilfsangeboten erkundigen.

Verluste akzeptieren

Der Unfall hat dem früheren Lebensstil Ihres Angehörigen ein Ende bereitet. Zuweilen besteht das größte Problem darin, zu begreifen, daß er trotzdem noch am Leben ist. Wenn das Schlimmste passiert und der Betreffende ums Leben gekommen wäre, hätten Sie vielleicht zu diesem Zeitpunkt die Trauerphase bereits hinter sich gehabt. Sie hätten Gelegenheit gehabt, den Tod des Ihnen nahestehenden Menschen zu verarbeiten. Sie selbst, Ihre Familie und seine Freunde hätten ihm am Grab die letzte Ehre erwiesen und in der Zeitung eine Traueranzeige aufgegeben; jeder hätte dann gewußt, daß er von Ihnen gegangen ist. Doch all das ist nicht geschehen: Ihr Angehöriger hat den Unfall überlebt. Einiges von dem, was Ihnen an ihm von früher vertraut war, haben Sie nach wie vor jeden Tag vor Augen. Selbst wenn er nicht mehr gehen oder sprechen kann, so hat er doch noch das gleiche Gesicht, die gleiche Haarfarbe, vielleicht auch einige seiner alten Angewohnheiten. Beispielsweise beobachten Sie denselben Gesichtsausdruck wie früher, wenn er mürrisch ist. Gewiß ist kein Fremder an die Stelle dessen getreten, den Sie kannten und liebten. Diese neue Persönlichkeit hat jedoch viel von dem, was sie früher ausgemacht hat, infolge des Unfalls eingebüßt. Gemeinsam müssen Sie nun diese Verluste akzeptieren und ein neues Leben beginnen.

Wann ist der Zeitpunkt für diese Neuorientierung gekommen? Wie bereits erwähnt, werden Sie zeitweise das Gefühl haben, all Ihre Bemühungen um den Patienten seien letztlich sinnlos. Gleichzeitig werden Sie aber auch spüren, daß der Kopfverletzte keine Aussicht auf eine Besserung seines Zustands mehr hätte, wenn Sie die Hoffnung wirklich aufgeben würden. Wir möchten Ihnen und dem Patienten natürlich nicht empfehlen, sich zurückzulehnen und zu sagen: „Der Prozeß der Genesung ist abgeschlossen. Mehr ist nicht zu erreichen." Verluste zu akzeptieren, heißt, von Dingen, die vor dem Unfall möglich waren, jetzt aber Schwierigkeiten bereiten, nach und nach Abschied zu nehmen. Der Zeitpunkt hierfür ist dann gekommen, wenn Sie sich eingestehen können, daß es überhaupt Verluste gegeben hat. Wir werden noch darauf eingehen, wie Sie dem Patienten helfen können, seine eigenen Verluste zu verarbeiten. Zunächst einmal wollen wir uns jedoch auf Sie, den Betreuer, konzentrieren.

Möglicherweise war Ihr Angehöriger sehr an Sport interessiert, hatte aber darüberhinaus kaum andere Interessen. Selbst bei größter Willensanstrengung wird es ihm nicht mehr möglich sein, an einem Marathonlauf teilzunehmen, wenn seine Beine gelähmt sind, oder wenn sein Bewegungsablauf unkoordiniert beziehungsweise sein Gleichgewicht gestört ist. Es wäre also unrealistisch, von einem Marathonlauf zu träumen. Mit einer solchen Zielvorstellung kann man nicht offen für Neues sein. Sie und der Verletzte müssen von der Vorstellung des angehenden Marathonsiegers Abschied nehmen und auf Ziele hinarbeiten, die auch erreichbar sind. Diese Empfehlung gilt entsprechend für den Jurastudenten, der nicht mehr richtig sprechen kann, für den Lehrling, der seine manuellen Fertigkeiten verloren hat, oder den Künstler, der sein Augenlicht eingebüßt hat.

Eine Kopfverletzung kann Stimmung und Temperament beeinflussen und leicht ermüdbar machen; der Schlafrhythmus kann erheblich gestört sein; der Patient kann unter Umständen Schwierigkeiten haben, Entscheidungen zu treffen, und die Wirkung dessen, was er sagt und tut, abzuschätzen. All diese Faktoren üben Einfluß auf die persönliche Entwicklung eines Menschen aus.

Daher sprechen Angehörige nach einem Unfall häufig von einer Persönlichkeitsveränderung des Patienten. In diesem Sinne könnte man Persönlichkeit als die Summe unserer Reaktionen auf unsere Umwelt definieren. Wenn der Patient also nach einem Unfall anders reagiert als früher, dann hat sich seine Persönlichkeit verändert. Dies bedeutet jedoch nicht, daß er ein anderer Mensch geworden wäre. Sie werden aber mit den Auswirkungen des Unfalls wesentlich besser zurechtkommen, wenn es Ihnen gelingt, von der früheren Persönlichkeit Abschied zu nehmen und zu akzeptieren, daß Ihr Angehöriger jetzt anders reagiert.

Bedenken Sie, daß dies alles für Sie leichter ist, als für den Kopfverletzten selbst. Jeder von uns hat eine Vorstellung von sich selbst. Psychologen bezeichnen dies als das Selbstbild. Offensichtlich dauert es sehr lange, bis sich nach einer Kopfverletzung das Selbstbild des Betreffenden ändert. Selbst wenn er auf einen Rollstuhl angewiesen ist, Schwierigkeiten hat, sich verständlich zu machen, oder zu irrationalen Reaktionen neigt, wird er es Ihnen übel nehmen, wenn Sie ihn mit Körperbehinderten oder psychisch Kranken gleichsetzen, da er sich nicht als behindert begreift. Nach einer Kopfverletzung halten sich die Betroffenen zunächst weiterhin für jung, gesund und leistungsfähig, sie haben in ihren Augen nur zufällig einen Unfall gehabt und müssen im Moment einen Rollstuhl benutzen.

> Wir müssen uns darüber im Klaren sein, daß sich Patienten nach einer Kopfverletzung lange Zeit noch genauso sehen wie vor dem Unfall.

Alle, die dem Patienten nahestehen, müssen berücksichtigen, daß er zunächst glaubt, sich nicht verändert zu haben. Er hält sich für ebenso attraktiv, geistreich und amüsant wie vor seinem Unfall. Für diejenigen, die mit ihm zu tun haben, ist leider offensichtlich, daß dem nicht so ist. Verständlicherweise reagieren manche Leute irritiert auf die veränderte Persönlichkeit des Patienten. Tatsächlich läßt sich das peinliche oder unangemessene Verhalten eines Kopfverletzten oftmals als verzweifelte Reaktion auf das Verhalten seiner Umwelt interpretieren – als Versuch zu beweisen, daß er nach wie vor derselbe ist.

Sie müssen nun Ihrem Angehörigen helfen, damit fertigzuwerden, daß der Unfall ihn verändert hat und daß er seine Erwartungen an das Leben entsprechend anpassen muß. Vermitteln Sie ihm in erster Linie, daß sein früheres Selbstbild nicht mehr der Realität entspricht. Er darf allerdings nicht dieses Selbstbild durch negative Urteile ersetzen, wie etwa: „Ich bin ein Versager, ein Krüppel, ein verunstalteter, unnützer Mensch". Sie selbst, die Rehabilitationstherapeuten und die Berater müssen versuchen, dem Patienten neue, realistische Perspektiven aufzuzeigen. Es geht also darum, Ihrem Angehörigen dabei zu helfen, sich über das zu freuen, was er bewältigen kann, und nicht darüber unglücklich zu sein, was er nicht mehr zu leisten imstande ist. Es kann nicht genügend betont werden, daß es der Betreuung durch geschulte Therapeuten bedarf, um ihm über die Phase der Selbstzweifel hinwegzuhelfen.

Nicht nur Sie selbst müssen sich also neu orientieren, sondern auch Ihrem kopfverletzten Angehörigen bei einer Neuorientierung zur Seite stehen. Die Rolle, die Sie als seine Bezugsperson übernehmen müssen, ist besonders schwierig, wenn es sich bei dem Betreffenden um Ihren Partner oder um Ihre Eltern handelt. Auch hier ist es durchaus angebracht, den Rat zu wiederholen, den wir an anderer Stelle bereits gegeben haben: Seien Sie nicht zu stolz, Verwandte und Freunde um Hilfe und Unterstützung zu bitten.

Eines Tages werden Sie die grundlegenden Veränderungen, die der Unfall Ihres Angehörigen mit sich gebracht hat, akzeptieren und eine Neuorientierung vornehmen können. Auf dem Weg dorthin werden Sie die verschiedensten Gefühle erleben, die völlig natürliche Reaktionen auf die erlittenen Verluste sind. Ganz besonders wichtig ist in dieser schwierigen Phase für Sie und Ihre Familie die Unterstützung einer Selbsthilfegruppe, das heißt die Erfahrung, daß es Menschen gibt, die denselben schmerzhaften Prozeß durchgemacht haben.

Trauerarbeit

Wenn jemand eine schwere Kopfverletzung nicht überlebt, können die Familienangehörigen und der Freundeskreis um den Betreffenden trauern und sich schließlich ohne ihn wieder dem Leben zuwenden. Es sei noch einmal daran erinnert, wie wichtig es ist, daß auch Sie über all die Verluste, die der Unfall mit sich gebracht hat trauern können, selbst wenn der Patient nicht verstorben ist. Es ist völlig normal, wenn Sie traurig darüber sind, daß sich Ihr Angehöriger nach dem Unfall sehr verändert hat, daß er Ihre Interessen nicht mehr teilen kann, oder daß er Ihnen als Partner, Vater oder Mutter nicht mehr zur Seite steht.

Sie müssen lernen, daß es durchaus normal ist zu weinen. Der Patient wird sich zu diesem Zeitpunkt wohl noch nicht damit abfinden können, nicht mehr „der alte" zu sein. Daher wird er auch zur Trauer noch nicht fähig sein. Ganz im Gegensatz zu Ihnen: Sie dürfen Ihren Verlust getrost beweinen. Sie brauchen keine Schuldgefühle zu haben, nur weil jemand glauben könnte, Sie weinten darüber, daß der Patient überlebt hat, und Sie sich angesichts der Behinderung des Patienten gewünscht hätten, er wäre gestorben. Sie brauchen auch nicht das Gefühl zu haben, Sie ließen Sie sich gehen, wo Sie sich eigentlich zusammenreißen sollten. Weinen ist ein notwendiges Sicherheitsventil.

Trauerarbeit

Lassen Sie Ihre Tränen zu.
Lassen Sie Ihre Erinnerungen an die Vergangenheit zu.
Lassen Sie auch andere über die Vergangenheit sprechen.
Akzeptieren Sie, daß die Vergangenheit vorüber ist.
Akzeptieren Sie, daß die Zukunft anders sein wird.

Wenn Sie dieses Stadium erreicht haben, sollten Sie sich unbedingt etwas Zeit für sich selbst nehmen und bei dieser Gelegenheit durchaus auch über die erlittenen Verluste weinen, wenn Ihnen danach zumute ist. Versuchen Sie, soweit es möglich ist, sich anhand von Fotoalben oder sonstigen Erinnerungsstücken die Zeit vor dem Unfall abschließend nochmals in Erinnerung zu rufen und zu durchleben. Manche Menschen empfinden es als hilfreich, eine Liste all dessen anzufertigen, was sie verloren haben; andere stellen eine Liste auf, um die sportlichen und beruflichen Erfolge ihres Angehörigen zu dokumentieren. Sie müssen sich jedoch darüber im klaren sein, daß diese Liste oder das Fotoalbum die Vergangenheit repräsentieren, sich also auf das Leben vor dem Unfall beziehen.

Sie sollten auch andere Angehörige oder Freunde ermutigen, mit Ihnen über all das zu sprechen, was der Patient zu sagen oder zu tun pflegte, was Sie mit ihm gemeinsam unternommen haben, und wozu er nie wieder in der Lage sein wird. Der Vergangenheit nachzutrauern, ist gewiß kein Zeichen der Schwäche. Unter Umständen kann es für alle Beteiligten eine Erleichterung bedeuten, auch einmal gemeinsam zu weinen.

Wut

Bei einem Kopfverletzten ist Wut eine durchaus übliche und naheliegende Reaktion. Sie gipfelt in der uns allen wohlvertrauten Frage: „Warum gerade ich?" Viele der durch eine Kopfverletzung bedingten Verluste sind nur schwer zu verkraften, so daß ein Gefühl der Wut den Patienten während der ganzen Rehabilitationszeit prägen kann.

Meistens äußert sich diese Wut im Kontakt mit Angehörigen oder engen Freunden: nicht etwa, weil sie es verdient hätten, sondern weil sie die Personen sind, zu denen das größte Vertrauensverhältnis besteht. Der Kopfverletzte kann seinen innersten Regungen nur gegenüber denjenigen Menschen freien Lauf lassen, deren Rückhalt er sich sicher ist. Vor Bekannten oder Arbeitgebern mag es ihm durch besondere Anstrengungen gelingen, seine Wut zu verbergen. Würde er sie ihnen gegenüber zeigen, könnte dies zu einer ablehnenden Haltung oder gar zum Verlust des Arbeitsplatzes führen. Für Angehörige und Betreuer mag das Verhalten des Patienten schmerzlich sein, sie müssen jedoch verstehen, daß es nicht durch mangelden Respekt oder Liebe verursacht wird.

Unserer Erfahrung nach vergeht diese Wutphase normalerweise nach einer gewissen Zeit vorüber. Sollten Wutausbrüche des Patienten zu einem Problem werden, können folgende Ratschläge vielleicht weiterhelfen: Wenn die Wut sich so heftig äußert, daß andere verletzt werden könnten, sollten Sie sich von kompetenter Seite Hilfe holen. Versuchen Sie nicht, bei jedem Wutausbruch nach Gründen zu suchen, häufig steckt nämlich gar keine bestimmte Absicht oder Strategie dahinter. Möglicherweise denken Sie, der Betreffende sei nicht mehr derselbe. Es könnte aber verfrüht sein, von Persönlichkeitsveränderungen zu sprechen; diese können zwar eintreten, allerdings seltener als die meisten Menschen annehmen. Versuchen Sie die Wut als ein von dem Menschen, den Sie kennen und lieben, getrenntes und nur vorübergehend auftretendes Phänomen zu betrachten.

Überlegen Sie einmal, ob Sie nicht vielleicht übermäßig fürsorglich sind und so eventuell Frustrationen auslösen. Es passiert leicht, daß der Betreuer dem Patienten jegliche Verantwortung abnimmt und ihm sagt, was er zu tun und zu lassen hat. Dies mag zwar im Anfangsstadium der Genesung erforderlich sein, kann ihn jedoch später verärgern, wenn er versucht, sein Leben wieder selbst zu bestimmen und eigene Entscheidungen zu treffen. Gehen Sie unnötigen Auseinandersetzungen aus dem Weg; falls jedoch in wichtigen Angelegenheiten Meinungsverschiedenheiten auftreten, sollten Sie diese in aller Ruhe besprechen, und zwar dann, wenn Sie sich beide einigermaßen entspannt fühlen. Vergessen Sie nicht, daß es auch für den Patienten nicht gerade angenehm ist, sich über banale Dinge aufzuregen. Schließlich möchten wir nochmals darauf hinweisen, daß Wutausbrüche oftmals lediglich eine Ermüdungserscheinung sind.

Umgang mit der Wut

Die Wutphase ist kein Dauerzustand.
Vermeiden Sie unnötige Auseinandersetzungen.
Betrachten Sie die Wut als ein von dem Patienten getrenntes Phänomen.
Beziehen Sie Wutausbrüche nicht auf sich persönlich.
Suchen Sie nach Kompensationsmöglichkeiten für die Wut (zum Beispiel körperliche Aktivitäten).

Ihr Angehöriger muß herausfinden, auf welche Art und Weise er mit seiner Wut und seinen Frustrationen fertigwerden kann, sei es durch körperliche Aktivitäten, durch Ruhepausen (um sozusagen für einen Moment alles hinter sich zu lassen) oder durch Entspannungstechniken. Es gibt dafür aber keine Patentlösungen. Was bei einem Gesunden zur Entspannung führt, kann sich bei einem Kopfverletzten als wirkungslos erweisen. Problematisch an Wutausbrüchen ist nicht so sehr ihr Vorkommen an sich, sondern vielmehr der Umstand, daß sie so unvermittelt und überaus heftig auftreten.

Schuldgefühle

Welche Angehörigen eines kopfverletzten Patienten haben sich nicht die Schuld am Unfall gegeben und sich mit Selbstvorwürfen über beiläufige eigene Bemerkungen gequält, wonach der Betreffende eine Strafe für sie sei, und sie so etwas eigentlich nicht verdient hätten. Selbstvorwürfe mögen teilweise von dem sehr menschlichen Bedürfnis herrühren, eine Erklärung für das schreckliche Ereignis zu finden: Es muß doch einen Grund geben, warum gerade er von einem Bus erfaßt wurde, und warum Sie selbst auf diese Weise bestraft werden. Doch es besteht wohl kaum eine menschliche Beziehung, in der es nicht irgendwann einmal aus irgendeinem Grund Streit gibt.

Es fällt natürlich schwer, sich böse Bemerkungen zu verzeihen. Vergessen Sie jedoch einmal Ihre Schuldgefühle, und setzen Sie statt dessen Ihren gesunden Menschenverstand ein. Wie oft haben Sie Ihren Angehörigen vor dem Unfall angeschrien, an ihm herumgemeckert oder ihm ungerechtfertigterweise Vorwürfe gemacht? Wurde er deshalb jedes Mal mit einer Kopfverletzung bestraft? Natürlich nicht. Wenn nach Auseinandersetzungen die meisten Ihrer Gedanken an den Betreffenden positiver Art waren, warum sollte dann dieses eine Mal dazu geführt haben, daß er derart hart bestraft wurde? Welcher unheilvolle Mechanismus müßte wirken, wenn jede negative Bemerkung über einen Menschen eine Kopfverletzung nach sich ziehen würde?

Manchmal ermöglichen es uns die Schuldgefühle, mit schrecklichen Ereignissen besser fertig zu werden, weil wir einen Grund für das Geschehene gefunden zu haben glauben. Allerdings wirken sich diese Schuldgefühle störend auf Ihre Beziehungen zum Patienten aus. Wenn Sie sich die Schuld für seinen Zustand geben, können Sie ihn nicht mehr unbefangen behandeln. Infolgedessen haben Sie ihn in zweierlei Hinsicht verloren. Auch er verhält sich Ihnen gegenüber vermutlich anders, wenn Sie erkennen lassen, daß Sie sich für seinen Unfall verantwortlich fühlen, und dies würde wiederum Ihre Schuldgefühle verstärken.

Viele Menschen fühlen sich wegen etwas, das sie getan oder unterlassen haben, für die aufgetretene Verletzung verantwortlich. Vielleicht war das Motorrad, mit dem der Sohn verunglückte, ein Geburtstagsgeschenk der Eltern. Vielleicht konnte sich der Sohn den Flugdrachen, mit dem er auf die Klippen stürzte, nur deshalb kaufen, weil ihm seine Eltern Geld geliehen hatten. Vielleicht fuhr der Ehemann in dieser Nacht nur Auto, weil ihn seine Frau gebeten hatte, die Tochter von einer Schulveranstaltung abzuholen.

Schuldgefühle sind emotionale Reaktionen. Unsere Vernunft sagt uns, daß wir nur für Kopfverletzungen verantwortlich sind, bei denen wir selbst jemanden angefahren, mit einer stumpfen Waffe niedergeschlagen oder ihm auf andere Weise direkten Schaden zugefügt haben. In einigen wenigen Fällen mag eine persönliche Verantwortung für die Verletzungen des Angehörigen vorliegen. In allen anderen ist es jedoch wichtig, sich das Prinzip von Ursache und Wirkung klar zu machen. Keine noch so großen Selbstbezichtigungen ändern nachträglich auch nur das Geringste am Unfallgeschehen. Wenn Sie sich die Schuld für den Unfall zuschreiben, so bedeutet dies lediglich, daß Sie Ihre Betreuerrolle weniger gut ausüben können.

Schuldzuweisung

Lasten Sie nicht zu Unrecht einem Dritten die Schuld an. Sie meinen vielleicht, dem schrecklichen Ereignis so irgendwie einen Sinn zu geben; der Preis dafür ist jedoch unverhältnismäßig hoch. In den meisten Fällen handelt es sich bei der Person, die ungerechterweise für den Unfall verantwortlich gemacht wird, um ein Familienmitglied oder jemanden aus dem Freundeskreis der Familie. Jeder dem Patienten nahestehende Mensch ist von dessen Kopfverletzung zutiefst betroffen und braucht während der Genesungsphase die Unterstützung der übrigen Freunde und Angehörigen. Machen sich die Eltern gegenseitig dafür verantwortlich, dem Sohn das Auto ausgeliehen und somit den Unfall provoziert zu haben, belasten sie nur ihre Ehe, und sie beeinträchtigen ihre Fähigkeit, dem Sohn beizustehen. Machen dagegen die Eltern ihrer Schwiegertochter Vorwürfe, beispielsweise das Interesse ihres Sohnes für eine bestimmte Sportart gefördert und damit den Unfall verursacht zu haben, so leidet letztlich wiederum der Patient darunter. Werfen die Eltern dem Freund ihres Sohnes vor, jenem das neue Motorrad für eine Spritztour geliehen zu haben, so verstärken sie hierdurch nicht nur dessen Schuldgefühle, sondern sie machen es ihm auch unmöglich, seinem verletzten Freund beizustehen.

Natürlich gibt es zahlreiche Fälle, in denen die Verantwortung für den Unfall eindeutig geklärt ist – denken wir nur an den rücksichtslosen Fahrer, der eine Kurve geschnitten hat und auf die Gegenfahrbahn geriet, an den Betrunkenen, der bei Rot über die Ampel gefahren ist, an den Schausteller, der auf dem Rummelplatz Eintrittskarten für ein lebensgefährliches Karussell verkauft hat, oder auch an die Bauarbeiter, die nicht verhindert haben, daß Baumaterialien auf Passanten herunterfallen. All diese Menschen sind offensichtlich für die jeweiligen Unfälle verantwortlich.

Ihr Bedürfnis, einen Schuldigen ausfindig zu machen, kann zwei Phasen durchlaufen. In der ersten Phase streben Sie nach Vergeltung: Der Schuldige muß dingfest gemacht und bestraft werden. Im Extremfall kann dies ausgesprochen zerstörerische Folgen haben. Solange der Schuldige noch nicht ausfindig gemacht und festgenommen worden ist, könnten Sie von diesem Gedanken derart besessen sein, daß Sie die Bedürfnisse des Patienten und der anderen Familienmitglieder völlig vernachlässigen. Doch selbst, wenn die Polizei den Schuldigen gefaßt hat und Ihnen dies eine ungeheure Genugtuung bereitet, finden Sie möglicherweise noch immer keine Ruhe. Während Sie auf die Gerichtsverhandlung und das Urteil warten, droht Ihre Phantasie mit Ihnen durchzugehen. Sie überlegen, was Sie dem Beschuldigten antun würden, wenn Sie nur die Gelegenheit dazu hätten. Sie sind von dem Gedanken, den Missetäter zu bestrafen, völlig eingenommen, und Ihre ständigen Kontakte mit dem Patienten verstärken diese Besessenheit noch.

Für den Verursacher eines Unfalls gibt es keine Bestrafung, durch welche die Folgen für das Unfallopfer rückgangig gemacht werden könnten.

Die zweite Phase ist weniger destruktiv. Jetzt geht es Ihnen darum, dafür zu sorgen, daß der Schuldige nicht mehr in der Lage ist, anderen Menschen in ähnlicher Weise wie Ihrem Angehörigen Leid zuzufügen. Je nach Mentalität werden Sie zum Gründer oder zum Mitglied einer Vereinigung, die gegen Trunkenheit am Steuer, für bessere Sicherheitsvorkehrungen oder ähnliches kämpft. Diese Reaktion entspricht einem inneren Bedürfnis, und es ist wichtig, daß Sie Ihrer Art von Protest Ausdruck verleihen können. In der Tat kommen Menschen mit der Betreuung eines schwer Kopfverletzten besser zurecht, wenn sie die für den Unfall verantwortlichen Faktoren ändern können und wenn sie sich klar machen, daß durch den Unfall eine positive Entwicklung in die Wege geleitet wurde. Das Geschehene erscheint dann nicht mehr ganz so sinnlos. Hierdurch könnte sich das durch den Unfall erschütterte Gefühl wieder einstellen, bis zu einem gewissen Grad Ihr eigenes Schicksal und das Ihres Angehörigen unter Kontrolle zu bekommen.

Einen Schuldigen benennen zu können, bedeutet leider auch, weiterhin stark mit der Vergangenheit befaßt zu sein. Auf diese Weise lernen wir nicht, vorwärts zu blicken und uns den Anforderungen der Gegenwart oder der Zukunft zu stellen. Einen Schuldigen, eine Zielscheibe für unsere Wut zu haben, mag unserem Bedürfnis entgegenkommen, den Unfall zu verstehen. Das hält uns von unnötigen Selbstvorwürfen oder ungerechtfertigten Schuldzuweisungen anderer Familienangehörigen oder Bekannten gegenüber ab; wir werden dadurch jedoch nicht zwangsläufig besser mit dem Unfall fertig.

Wie leicht verfällt man in unnötige Grübeleien: „Hätte ich ihm doch nur nicht das Motorrad gegeben! Hätte ich ihn doch nur nicht um diesen Gefallen gebeten! Wäre ihm doch nur nicht dieser rücksichtslose oder betrunkene Fahrer entgegen gekommen! Wäre doch nur der Betrieb des Riesenrades untersagt worden!" Solche Reaktionen auf die Folgen der Kopfverletzung Ihres Angehörigen sind ebenso sinnlos, wie die Frage nach Schuld oder Verantwortung; sie führen in eine Sackgasse. Letzten Endes bleibt uns nichts anderes übrig, als uns damit abzufinden, daß wir die Uhr nicht zurückdrehen können und daß Schuldbekenntnisse oder Schuldzuweisungen die Folgen einer Kopfverletzung nicht rückgängig machen. – Ob der betrunkene Fahrer nun zwanzig Jahre eingesperrt wird oder mit einer vergleichsweise lächerlichen Geldstrafe davonkommt ändert nichts am Genesungsprozeß Ihrer Tochter. Sie aber helfen Ihrem Angehörigen mehr, wenn Sie sich auf seine Pflege konzentrieren, als wenn Sie mit Schuldzuweisungen Ihre Kräfte verschwenden. Wie wir schon mehrfach betont haben, ist es außerordentlich wichtig, vorwärtszuschauen, Pläne für die Zukunft zu schmieden und nicht ständig der Vergangenheit nachzutrauern. So lange Sie sich Ihren Grübeleien hingeben, werden Sie den Blick nicht nach vorne richten können.

Verleugnung

Eine Möglichkeit, mit unangenehmen Tatsachen fertigzuwerden, besteht darin, ihre Existenz einfach zu leugnen. Dies ist allerdings schwierig, wenn die Auswirkungen eines Unfalls, wie etwa Lähmungen oder ein anhaltendes Koma, nicht zu übersehen, oder, wie etwa bei einer Sprachstörung, deutlich wahrnehmbar sind. In diesen Fällen werden dann vielfach die geringen Chancen einer Genesung geleugnet. Wenn Sie nicht wahrhaben wollen, daß sich Ihr Angehöriger nie wieder vollständig erholen wird, dann brauchen Sie sich auch keine Sorgen darüber zu machen, wie er später einmal sein Leben gestalten wird.

In der Frühphase ist dieser Schutzmechanismus sehr wichtig, damit Sie die Last Ihrer Sorgen überhaupt tragen können. Es kommt jedoch der Zeitpunkt, da Sie sich mit den realen Gegebenheiten abfinden müssen. Geht Ihre Verleugnung über diesen Punkt hinaus, so kann Ihre Fähigkeit, das Geschehene zu verarbeiten und Ihr Leben den veränderten Umständen anzupassen, erheblich beeinträchtigt werden. Es ist wichtig, sich mit Ihrer Wut, Ihren Schuldgefühlen und anderen Emotionen auseinandersetzen. Dies wird Ihnen jedoch so lange nicht möglich sein, wie Sie leugnen, daß es einen Grund für diese Gefühle gibt und sich vormachen, es werde schon alles wieder gut werden.

Häufig setzt der Mechanismus der Verleugnung ein, nachdem der Patient in körperlicher Hinsicht bereits Fortschritte erzielt hat, jedoch nach wie vor

an Gedächtnis- und Konzentrationsstörungen sowie an Verhaltensauffälligkeiten leidet. In dieser Phase wollen die Betreuer oftmals nicht wahrhaben,
daß noch keine vollständige Genesung eingetreten ist. So können sich die
Eltern eines jungen Mannes etwa darauf berufen, er habe auch früher hin und
wieder einmal etwas vergessen, daß also „sein Gedächtnis schon immer
miserabel war". Oder sie finden Ausreden wie etwa „Nun, er konnte sich ja
noch nie richtig konzentrieren", oder „Für so etwas hat er sich noch nie
interessiert", um eine Erklärung dafür zu haben, warum er selbst mit einfachen Dingen Schwierigkeiten hat. Es fällt ihnen also leichter, sein unange-
messenes oder peinliches Verhalten als Fortsetzung seines früheren Verhaltens zu sehen. „Er hatte schon immer einen eigenwilligen Humor", oder „Er
ist schon immer ein recht unkonventioneller Mensch gewesen".

Das Problem ist, daß diese Verleugnungsphase häufig in die in Kapitel 5
beschriebene Zeit fällt, in welcher der Patient selbst noch keine Einsicht in
seine Probleme zeigt. Verwandte und Bekannte können dem Patienten helfen,
diese Phase zu überwinden indem sie ihm erläutern, wo er Fehler macht und
was er dagegen unternehmen kann. Wenn sowohl die Angehörigen als auch
der Patient selbst leugnen, daß Probleme bestehen, ist keine Rehabilitations-
einrichtung in der Lage, dem Kopfverletzten zu helfen. Betroffene, die diese
Erfahrung gemacht haben, berichten vielfach, daß es für sie einen Punkt
gegeben hat, an dem sie Krankenhäuser, Therapeuten und dergleichen nicht
mehr sehen konnten, an dem sie einen Schlußstrich unter den Unfall ziehen
und ihr Leben weiterführen wollten, als sei nichts passiert. Zu einem späteren
Zeitpunkt, wenn allzu deutlich geworden ist, daß keineswegs alles beim alten
geblieben ist, oder wenn der Patient selbst eine realistischere Einstellung
gewonnen hat, ist die Familie dann häufig bereit, die Rehabilitation fortzusetzen. Das Bedürfnis nach einem solchen „Erholungsurlaub" ließe sich vermeiden, wenn Beratung und Unterstützung über die Frühphase hinaus noch eine
Zeitlang fortgesetzt würden.

Familiäre Neuorientierung

Wenn es sich bei dem Kopfverletzten um einen erwachsenen Sohn oder eine
erwachsene Tochter handelt, bringt die Umstellung von der vorherigen Unabhängigkeit zur erneuten Abhängigkeit von den Eltern auch für Ihr Leben
drastische Veränderungen mit sich. Nachdem Sie rund zwanzig Jahre lang
damit zugebracht haben, Ihre Kinder großzuziehen, haben Sie nun vielleicht
keine finanziellen Sorgen mehr und darüber hinaus zum ersten Mal seit
Beginn Ihrer Ehe die Wohnung wieder für sich alleine. Dann kommt der
Unfall; Ihr verletztes Kind wird aus dem Krankenhaus entlassen, und Sie
haben wieder jemanden im Haus, der von Ihnen abhängig ist, und für den Sie

sorgen müssen. Daneben haben Sie aber auch Vorsorge für die Zukunft zu treffen und sicherzustellen, daß Ihrem Sohn oder Ihrer Tochter auch dann die erforderliche Pflege zuteil wird, wenn Sie selbst dazu nicht mehr in der Lage sind.

Auch wenn Eltern wieder die Rolle der Betreuer übernehmen müssen, und das erwachsene Kind wieder auf Hilfe angewiesen ist, so ist doch die Situation anders als beim ersten Mal. Der erwachsene kopfverletzte Patient hat normalerweise mehrere Jahre lang selbst für seinen Lebensunterhalt gesorgt und alleine gelebt. Das neue familiäre Zusammenleben setzt jetzt auf beiden Seiten eine Neuorientierung voraus. Da es jedoch im allgemeinen die Eltern sind, die über die nötigen Mittel und die nötige Mobilität verfügen, um handeln zu können, so sind es zumeist auch sie, die bestimmen, wie diese Neuorientierung im einzelnen aussehen soll.

Von den betroffenen Familien harmonieren diejenigen am besten, bei denen sich in einem mühsamen, langwierigen Anpassungsprozeß ein ausgewogenes Verhältnis zwischen dem Bedürfnis nach Betreuung und dem nach Freiraum sowie möglichst weitgehender Selbstbestimmung entwickelt hat. Beide Seiten, Betreuter und Betreuer, brauchen Rückzugsmöglichkeiten und Zeit für sich selbst. Optimale Bedingungen liegen vor, wenn man ein elterliches Haus umbauen kann, so daß der Kopfverletzte seine eigene Wohnung erhält. Auch wo dies nicht möglich ist, braucht sich der Freiraum nicht auf die vier Wände des Schlafzimmers zu beschränken. Der Patient könnte zum Beispiel einmal in der Woche einen ganzen Tag lang von anderen Angehörigen oder sonstigen Betreuern versorgt werden, so daß die Eltern Zeit für sich selbst haben und Freunde einladen oder besuchen können. Desgleichen können es die Eltern so einrichten, daß sie zu bestimmten Zeiten außer Haus sind, damit der Patient seine Freunde in ihrer Abwesenheit einladen kann.

Auf beiden Seiten besteht ein Bedürfnis nach möglichst weitgehender Selbstbestimmung. Eventuell gibt es eine ganze Reihe von Vorgängen, über die der Kopfverletzte aufgrund seines Unfalls nicht mehr selbst bestimmen kann. Wenn er beispielsweise nicht alleine aufstehen kann oder Hilfe braucht, um von einem Raum in den anderen zu gelangen, dann ist er auf einen Betreuer angewiesen. Auch ein Mensch mit schwersten Behinderungen sollte jedoch Gelegenheit haben, so weit als möglich selbst über sein Leben zu bestimmen. Die Entscheidungsbefugnisse können, je nach den Begebenheiten, von der Ernährung des Betreffenden, bis hin zur selbständigen Verwaltung seines Einkommens reichen. Schließlich müssen die Eltern dem betreuten Kind das Recht zugestehen, über gewisse Dinge selbst entscheiden und dabei auch Fehler zu machen.

Der Kopfverletzte hat das Bedürfnis nach

Pflege.
Freiraum.
Selbstbestimmung.

Die Betreuer eines Kopfverletzten haben das Bedürfnis nach

Unterstützung.
Freiraum.
Selbstbestimmung.

Wie gut die familiäre Neuorientierung nach einem Unfall gelingt, hängt nicht nur von Ihrer Bereitschaft als Betreuer ab, sich auf die veränderte Familiensituation einzustellen, sondern auch davon, ob der Patient nach seinem Unfall ebenfalls dazu in der Lage ist.

Soziale Neuorientierung

Eine der traurigsten Begleiterscheinungen einer schweren Kopfverletzung ist wohl die Einsamkeit. In den ersten Wochen nach dem Unfall kommen noch sämtliche Verwandte und Bekannte zu Besuch. Der tragische Unfall ist in frischer Erinnerung und die alte Persönlichkeit jedem präsent. Ganz allmählich, im Laufe der Monate, ändert sich die Situation und die Zahl der Besuche nimmt rapide ab. Zum Teil ist dies der erschwerten Kommunikation zuzuschreiben; die Unterhaltung mit dem Patienten ist vielleicht so anstrengend geworden, daß man geneigt ist, sich diese Anstrengung mehr und mehr zu ersparen. Vielleicht reagiert er jetzt aber auch anders als früher. Es kann für Freunde sehr schmerzlich sein zu sehen, daß ihr alter Weggefährte in ganz untypischer Weise handelt. Im Laufe der Zeit werden die alten Freunde auch zunehmend neue Bekanntschaften schließen und neue Erfahrungen machen, die sie mit dem Patienten nicht mehr teilen können. Man lebt sich leicht auseinander, wenn man eine Bekanntschaft nicht regelmäßig pflegen kann. Wenn Sie Ihr Leben vorwiegend im Büro oder mit Freizeitbeschäftigungen zubringen, ist es nicht verwunderlich, daß Sie mit Ihrem alten Freund, der sein Leben im Krankenhaus oder im Rehabilitationszentrum verbringt, nur noch die Zeit vor dem Unfall verbindet. Von daher ist es auch nicht verwunderlich, wenn Kontakte zu alten Freunden immer seltener werden.

Neue Freunde zu finden, ist schwierig. Das trifft nicht nur für den schwerbehinderten Kopfverletzten zu, sondern auch für denjenigen, der wieder zu gehen und zu sprechen gelernt hat. Die Gründe hierfür sind leicht nachzuvollziehen. Wie erwähnt haben die Betreffenden möglicherweise Probleme wegen ihrer leichten Ermüdbarkeit, ihrer Gereiztheit, ihrer Lärmempfindlichkeit oder ihrer Verhaltensauffälligkeiten. Es kann daher nicht überraschen, daß sie auch Schwierigkeiten haben, soziale Kontakte zu pflegen; infolgedessen zeigen auch immer weniger Menschen Interesse an ihnen.

Kommunale Initiativen, die soziale Kontakte zwischen behinderten Menschen fördern möchten, sind nicht immer die richtige Lösung für dieses Problem. Aufgrund des beschriebenen Verleugnungsmechanismus muß erst eine längere Zeit vergehen, bevor sich der Patient selbst als Behinderter wahrzunehmen lernt. Außerdem reagieren die meisten Menschen auf Behinderte leider mit Mißachtung oder Ablehnung. Es ist verständlich, daß der Kopfverletzte anfangs nicht akzeptieren möchte, daß auch er Behinderungen hat.

Einrichtungen, die spezielle Gruppenaktivitäten für kopfverletzte Patienten und deren Angehörige anbieten, sind daher besser; vermutlich fühlt sich der Patient unter Menschen mit gleichen Problemen wohler. Ein Nachteil ist jedoch, daß sich seine sozialen Kontakte nun auf Personen beschränken, die in einer ähnlichen Situation leben.

Manche Patienten schließen sich entweder älteren Menschen an, die ebenfalls Schwierigkeiten haben, mit dem Tempo der jüngeren Generation Schritt zu halten, oder sie freunden sich mit Kindern an, die in aller Regel begeistert darüber sind, endlich einmal einen Erwachsenen getroffen zu haben, der Zeit hat, sich stundenlang mit ihnen über ihr Lieblingsthema zu unterhalten.

Berufliche Neuorientierung

Auch wenn es unwahrscheinlich ist, daß ein Patient nach einer schweren Kopfverletzung jemals wieder voll erwerbstätig sein kann, so hat er doch wie jeder andere das Bedürfnis, produktiv zu sein. Dieses Bedürfnis wird auch von den meisten Arbeitsvermittlungen anerkannt, allerdings ohne daß sie dem Betroffenen einen angemessenen Arbeitsplatz anbieten könnten.

Eine Alternative bieten die Beschützenden Werkstätten. Die dort zu verrichtenden Arbeiten sollen den Kopfverletzten aber auch wirklich ausfüllen; die Art der Tätigkeit sollte also von den Fähigkeiten und Neigungen des Patienten abhängig sein. Der Umstand, daß der Patient am Ende des Arbeitstages mit innerer Befriedigung über das Geleistete nach Hause gehen kann, ist wesentlich höher zu bewerten, als die Frage, ob er für seine Arbeit Geld erhält oder nicht. Es kommt also nicht so sehr darauf an, daß es sich um eine Erwerbstätigkeit handelt, und auch nicht darauf, daß der Betreffende ganztags arbeitet. Vermutlich könnte er sich ohnehin nicht über einen so langen Zeitraum hinweg konzentrieren. Und würde es ihm gelingen, wäre er nach Feierabend zu müde, um noch einer sinnvollen Freizeitbeschäftigung nachgehen zu können.

11. Der Aufbau eines idealen Rehabilitationssystems

Bis jetzt haben wir über die Auswirkungen von Kopfverletzungen gesprochen und darüber, wie man mit ihnen umgehen sollte. Wir mußten erkennen, daß viele Probleme nur schwer zu lösen sind. Wir haben ferner gezeigt, wie unzureichend die Angebote der öffentlichen Hand oftmals sind. Zum einen deshalb, weil die Notwendigkeit zur Unterstützung Schädel-Hirn-Verletzter bis heute nicht erkannt wird, und zum anderen, weil diese Unterstützung mit Kosten verbunden wäre, die in den öffentlichen Haushalten nicht vorgesehen sind.

In diesem Kapitel wollen wir die Probleme bei der Versorgung Kopfverletzter zusammenfassend darstellen und Wege aufzeigen, wie man die Entscheidungen der Verantwortlichen beeinflußen könnte.

Probleme und Lösungsvorschläge

1. *Problem:* Sie benötigen Informationen von den Klinikmitarbeitern über den Gesundheitszustand Ihres Angehörigen und müssen ein Vertrauensverhältnis zum Rehabilitationsteam aufbauen. Familien und enge Freunde haben ein Recht darauf, über alle ihren Angehörigen betreffenden Vorgänge im Krankenhaus unterrichtet zu werden. Ferner müssen sie die Möglichkeit haben, Fragen zu stellen – und zwar über die gesamte Dauer des Heilungsprozesses hinweg.
   Abhilfe: Es muß für Angehörige eine Anlaufstelle im Krankenhaus geschaffen werden, wo sie Gelegenheit haben, sich zu informieren und Fragen zu stellen.
2. *Problem:* Auch Sie als Angehörige brauchen von Anfang an Unterstützung und Verständnis, denn der Unfall eines Angehörigen bringt auch für das Leben der übrigen Familienmitglieder einschneidende Veränderungen mit sich. Patienten und Angehörige müssen lernen, die Sorgen und Nöte des anderen zu verstehen. Übrigens spielt bei den genannten Problemen die Schwere der Kopfverletzung des Patienten keine Rolle.
   Abhilfe: Drei Formen von Hilfestellungen sind denkbar. Im Frühstadium muß den Familienmitgliedern, was die Verarbeitung des Unfalls ihres Angehörigen anbelangt, eine fachmännische Beratung angeboten werden. Dieses Angebot mögen die Betreffenden anfangs ablehnen, doch es sollte

aufrecht erhalten werden. Daneben sollen sich die Angehörigen Kopfverletzter mit Familien in Verbindung setzen, die dieselben Schwierigkeiten durchgemacht haben. Auch wäre es sinnvoll, mit Menschen zu sprechen, die selbst eine Schädel-Hirn-Verletzung erlitten und überstanden haben. Sie können den Angehörigen die innere Verfassung des Patienten am besten erklären. Die erste Beratung sollte im Krankenhaus erfolgen; später können sich die Angehörigen beispielsweise einer Selbsthilfegruppe anschließen. Auf regelmäßige Gespräche mit den behandelnden Ärzten und Therapeuten sollten sie dennoch keinesfalls verzichten.

3. *Problem:* Die Versorgung im Krankenhaus in der Akutphase. In den meisten Krankenhäusern weiß man um die Notwendigkeit einer speziellen Versorgung Hirnverletzter. Daher gibt es in kleinen ländlichen Krankenhäusern besonders geschulte Transportteams, um Schädel-Hirn-Patienten in Spezialkliniken überführen zu können, falls Lebensgefahr besteht. Besteht diese Lebensgefahr jedoch nicht mehr, gehen viele Krankenhäuser dazu über, die Patienten auf Akutstationen zu legen, die für die Rehabilitation ungeeignet sind.

Abhilfe: Bereits im Krankenhaus muß die Rehabilitation des Patienten oberstes Ziel sein, auch solange die akute medizinische und krankenpflegerische Betreuung noch im Vordergrund steht.

4. *Problem:* Das Rehabilitationsangebot nach der Entlassung aus dem Krankenhaus. Vielerorts ist dieses Angebot beschränkt und der Patient wird oftmals nicht ausreichend therapiert. Das kann am Personalmangel liegen oder aber daran, daß das nächste Rehabilitationszentrum so weit entfernt ist, daß Transportprobleme auftauchen. Beides wirkt sich negativ auf die Rehabilitationsbemühungen aus.

Abhilfe: Es muß die Möglichkeit einer angemessenen Rehabilitation geschaffen werden. Falls nötig, muß man eine stationäre Aufnahme erwägen.

5. *Problem:* Die Wiedereingliederung in den Beruf. Es muß unter anderem Ziel der Rehabilitationsbemühungen sein, den Patienten in die Lage zu versetzen, seinen früheren Beruf wieder auszuüben. Bestehende Berufsförderungswerke sind oft auf die speziellen Bedürfnisse von Kopfverletzten nicht eingerichtet, oder sie können deren notwendige Beaufsichtigung während der Arbeit nicht gewährleisten.

Abhilfe: Berufsförderungswerke müssen mit qualifiziertem Personal ausgestattet werden, um Patienten mit einer Kopfverletzung rehabilitieren zu können.

6. *Problem:* Die Beschäftigungsmöglichkeiten für Schädel-Hirn-Verletzte sind schlecht, weil der Patient wenig belastbar ist, schneller ermüdet und häufig Verhaltensauffälligkeiten zeigt. Hinzu kommen Vorurteile der Arbeitgeber.

Abhilfe: Arbeitgeber müssen darüber aufgeklärt werden, daß ein Kopfverletzter Beachtliches zu leisten vermag. Der Arbeitgeber sollte steuerliche Vergünstigungen für die Beschäftigung von kopfverletzten Patienten erhalten; davon würden letztlich sowohl Arbeitgeber als auch Arbeitnehmer profitieren.

7. *Problem:* Die Möglichkeiten einer sinnvollen Beschäftigung für jemanden, der keine Arbeit mehr findet. Patienten, die ihren Beruf nicht mehr ausüben können, brauchen eine Beschäftigung, um ihren Tag sinnvoll strukturieren und wieder soziale Kontakte knüpfen zu können.

   Abhilfe: Von regelmäßigen Treffen für Kopfverletzte bis zu Beschützenden Werkstätten werden alternative Beschäftigungsmöglichkeiten für solche Schädel-Hirn-Patienten benötigt, denen die Rückkehr ins Berufsleben versagt bleiben wird. Hier sind Selbsthilfegruppen, aber auch die öffentliche Hand gefragt.

8. *Problem:* Schwere Verhaltensprobleme. Einige Menschen, die Kopfverletzungen erlitten haben, leiden an schweren Verhaltensstörungen; sie benötigen manchmal über einen längeren Zeitraum hinweg eine professionelle Betreuung rund um die Uhr.

   Abhilfe: Eine professionelle Betreuung für Patienten mit schweren Verhaltensproblemen nach einer Kopfverletzung muß eingerichtet werden.

9. *Problem:* Anhaltende Probleme nach leichten Kopfverletzungen. Fünf bis zehn Prozent der Menschen mit leichten Kopfverletzungen haben Schwierigkeiten damit, ihre normale Funktionsfähigkeit wiederzuerlangen. Diese Probleme können sich über wenige Wochen oder mehrere Jahren erstrecken und psychologische und medizinische Dienste sind an vielen Orten nicht in der Lage, mit ihnen fertigzuwerden.

   Abhilfe: Es müssen in allen Krankenhäusern – mit Ausnahme der kleinsten – Sprechstunden für Menschen mit leichten Kopfverletzungen angeboten werden.

Ansprüche gegenüber den Behörden geltend machen

Vielerorts wird auf die Bedürfnisse von Patienten mit Kopfverletzungen nicht eingegangen. Die Versorgung ist mangelhaft, und häufig fehlt es an einer zentralen Einrichtung, in der alle Beteiligten zusammenarbeiten. Jeder, der einmal einem Treffen von Kopfverletzten und ihren Familien beigewohnt hat, wird festgestellt haben, daß es sich bei den Anwesenden in der Mehrheit um Menschen handelt, die die permanente Suche nach Anerkennung ihrer Probleme zermürbt hat.

Die Behörden, die die Unfall- und Rehabilitationsversorgung leiten, unterscheiden sich von Ort zu Ort, aber die Argumente, die sie anführen, sind wahrscheinlich überall gleich. Die Verantwortlichen werden wohlwollend Notiz von Ihren Problemen und Ihrem Leiden nehmen, aber zugleich darauf verweisen, daß sie im sozialen Bereich andere Prioritäten gesetzt haben. Dies hängt im wesentlichen mit den Kosten zusammen, die der Ausbau des bestehenden Rehabilitationsangebots verursacht. Sie werden folglich eine Stadt oder Gemeinde nur dann zu einem größeren finanziellen Engagement bewegen können, wenn Sie aufzeigen können, daß die Öffentlichkeit davon profitiert. Daher müssen Sie sich Angaben darüber verschaffen, wie viele Kopfverletzte es an ihrem Wohnort gibt, und wie schwer deren Beeinträchtigungen sind. Verweisen Sie zudem auf mögliche Folgen von Schädel-Hirn-Verletzungen: auf Todesfälle, Familienzerwürfnisse oder Arbeitsausfälle.

Die Behörden brauchen einen Grund, um sich des Problems verstärkt anzunehmen; sie werden nicht einfach ein bestimmtes Gebiet oder eine bestimmte Personengruppe fördern. Sie können dann geltend machen, daß Kopfverletzungen eine Folge unserer modernen Lebensweise sind, und daß die Gesellschaft deshalb eine besondere Verantwortung trägt. Sie können darauf hinweisen, daß die Gesellschaft zweifellos mit Folgeproblemen belastet wird, wenn Kopfverletzte schlecht rehabilitiert werden; und zwar durch Langzeitbehinderungen und den daraus entstehenden Kosten.

Wirtschaftliche Argumente dürften in jedem Fall die größte Wirkung erzielen. Es wäre daher nützlich, eine Schätzung der gegenwärtigen Kosten für die Behandlung Kopfverletzter zu haben. Machen Sie deutlich, wieviel Geld durch eine Verbesserung des Versorgungsangebots letzten Endes gespart werden könnte. Dabei ist die herrschende Praxis, teure Akutbetten im Krankenhaus mit Langzeitpatienten zu belegen, ein stichhaltiges Argument, denn Plätze in einem Rehabilitationszentrum sind weniger kostenaufwendig. Schwieriger ist es, mit Zahlen zu belegen, wieviel Geld durch eine gute, und damit verkürzte Rehabilitation eingespart werden kann. Daß aber verbesserte Rehabilitationsangebote generell kürzere Rehabilitationszeiten und damit sinkende Kosten zur Folge haben, dürfte unbestritten sein. Diesem Argument kommt insbesondere bei Verhandlungen mit Versicherern Bedeutung zu, da diese die finanzielle Last der Langzeitbehinderung tragen müssen.

Der Aufbau eines Versorgungsnetzes für Kopfverletzte bedarf des Engagements

Der Kopfverletzten.
Ihrer Familien.
Der betroffenen Fachleute.
Der Öffentlichkeit.
Der Politiker.

Die folgenden Zahlen mögen als Anhaltspunkt nützlich sein. Sie stammen aus einer Studie in Auckland (Neuseeland), einer Stadt mit 850 000 Einwohnern. Ähnliche Angaben sind uns aber auch aus den meisten vergleichbaren Städten bekannt.

Zahlen über Kopfverletzungen und Krankenhausbelegungen aus einer Studie in Auckland von 1986 (pro 100 000 Einwohner und pro Jahr)

Krankenhausaufnahmen:

Patienten mit Primärdiagnose Kopfverletzung:	65
Patienten mit schweren Mehrfachverletzungen und Kopfverletzungen:	5,4
Patienten mit anderen Verletzungen, einschließlich einer Kopfverletzung:	57
Patienten, die auf der Unfallstation versorgt, aber nicht ins Krankenhaus aufgenommen wurden:	654
Bettentage im Krankenhaus – primäre Kopfverletzungen und schwere Mehrfachverletzungen:	4 700
Patienten mit anhaltenden Problemen nach leichten Kopfverletzungen (2/3 davon haben Probleme, die länger als einen Monat anhalten):	30

Bei Ihren Bemühungen um eine bessere Versorgung von Schädel-Hirn-Patienten sollten Sie unbedingt die entsprechenden Fachleute um Mithilfe bitten. Diese Vorgehensweise hat zusammen mit starkem öffentlichen Druck die größte Aussicht auf Erfolg. Das Royal College of Physicians in London hatte eine Studie über körperliche Behinderungen bei jungen Menschen in Auftrag gegeben, die sich bald als sehr einflußreich erweisen sollte. Im Jahre 1986 gab es wichtige Empfehlungen heraus, was den Versorgungsbedarf für Kopfverletzte und insbesondere eine zentrale Leitstelle in jeder Region anbelangt. Viele andere Institutionen in Großbritannien, den USA und Australien haben ähnliche Empfehlungen veröffentlicht. Städte und Gemeinden können auf ganz unterschiedliche Weise davon überzeugt werden, Gelder zur Förderung von Rehabilitationsprojekten zur Verfügung zu stellen. Die Initiatoren sind gewöhnlich Familien und Patienten, die sich in Selbsthilfegruppen zusammengeschlossen haben. Sie werden jede nur erdenkbare Unterstützung brauchen. Wir wünschen ihnen viel Glück!

Anhang A: Glossar

Ageusie Teilweiser oder völliger Verlust des Geschmackssinnes.

Agnosie Teilweiser oder völliger Verlust der Fähigkeit, die Bedeutung von Dingen beziehungsweise Objekten zu erkennen. Die Wahrnehmung des Sehens, Hörens, Fühlens, Riechens oder des Geschmacks kann dadurch beeinträchtigt sein.

Agraphie Teilweiser oder völliger Verlust der Fähigkeit zu schreiben.

Alexie Teilweiser oder völliger Verlust der Fähigkeit zu lesen. Das Verstehen von Schrift, Symbolen oder Notenschrift kann beeinträchtigt sein.

Amnesie Teilweiser oder völliger Verlust des Gedächtnisses. (Siehe auch: retrograde und posttraumatische Amnesie.)

Anarthrie Verlust der Sprache aufgrund mangelnder Kontrolle über die Sprechmuskulatur. Ursache ist eine Verletzung jener Nerven, die die Sprechmuskeln versorgen.

Aneurisma Unnatürlicher Verlauf oder Ausbuchtung von Blutgefäßen im Gehirn. Diese Ausbuchtungen sind häufig dünnwandig und können bei großer Belastung (zum Beispiel Bluthochdruck) platzen und es kommt zur Gehirnblutung.

Anosmie Teilweiser oder völliger Verlust des Geruchssinnes.

Anoxie Mangel an Sauerstoff bei der Versorgung der Gehirnzellen.

Antikonvulsiva Medikamente, die zur Kontrolle von epileptischen Anfällen verschrieben werden.

Aphasie Teilweiser oder völliger Verlust der Fähigkeit, sich anderen sprachlich mitzuteilen oder andere zu verstehen, aufgrund einer Hirnverletzung. Diese Störung kann Sprechen, Schreiben, Zeichensprache, Lesen oder Zuhören betreffen.

Apraxie Teilweiser oder völliger Verlust der Fähigkeit, zielgerichtete Bewegungen auszuführen und Bewegungen wahrzunehmen.

Ataxie Störung in der Koordination von Bewegungen aufgrund einer Hirnschädigung.

Blutung Eine kugelförmige Ansammlung von flüssigem oder geronnenem Blut im Hirn oder den Räumen zwischen Hirn und Schädelknochen; kann spontan oder durch äußere Einwirkung entstehen. (Siehe auch Hämatom.)

Cerebrospinale Flüssigkeit (CSF) Eine klare, farblose Flüssigkeit in den Räumen innerhalb und außerhalb des Gehirns sowie des Rückenmarks.

Computertomographie (CT), ein Röntgenverfahren, mit dem sowohl weiches Hirngewebe als auch Knochen dargestellt werden können.

Craniotomie Operation zur Entfernung von zerstörtem Gehirngewebe.

Diplopie Sehen von Doppelbildern.

Dura mater Die äußerste und dickste der drei Hirnhäute.

Dysarthrie Sprechstörung, die durch Schädigung der Sprechmuskulatur oder der diese versorgenden Nerven verursacht wird.

Elektroenzephalogramm (EEG) Ein Verfahren zur Aufzeichnung von Hirnströmen.

Epidural Zwischen den Gehirnhäuten befindlich.

Ergotherapie Spezialbereich in der Rehabilitation, der sich mit dem Einsatz von Hilfsmitteln sowie der Behandlung alltagsrelevanter Auswirkungen neurologischer Erkrankungen beschäftigt. (Früher: Beschäftigungstherapie.)

Evozierte Potentiale Reaktionen auf Reize (Laute, Licht, Berührung), die mit einem speziellen EEG-Verfahren aufgezeichnet werden.

Extradural Zwischen der Dura mater und dem Schädelknochen befindlich.

Fraktur Knochenbruch.

Frontallappen Die vorderen, hinter der Stirn befindlichen Teile des Gehirns. Hier wird für gewöhnlich der Sitz der Kontrolle über das Verhalten vermutet.

Gedecktes Schädel-Hirn-Trauma Hirnverletzung, ohne daß es zu Knochenbrüchen des Schädels gekommen wäre.

Gehirnblutung Einblutung in das Hirngewebe oder in die das Gehirn umgebenden Räume; sie kann durch eine Einwirkung von außen (siehe Schädel-Hirn-Trauma), oder spontan entstehen (siehe Aneurisma).

Gesichtsfeldausfall Siehe Hemianopsie.

Halbseitenneglect Siehe Neglect.

Hämatom Eine Ansammlung von flüssigem oder geronnenem Blut im Hirn oder den Räumen zwischen Hirn und Schädelknochen. Unterschieden wird zwischen akutem und chronischem Hämatom.

Hemianopsie Gesichtsfeldausfall. Objekte in der rechten oder linken Hälfte des Sehbereichs werden nicht mehr wahrgenommen. Ursache dafür kann eine Schädigung der Sehnervenbahnen oder der Sehzentren sein. Die Augen selbst sowie die Sehschärfe sind dabei unbeeinträchtigt.

Hemiparese Halbseitenschwäche. Die Kontrolle über Bewegungen und/oder des Gefühls in einer Körperhälfte ist durch eine Hirnschädigung beeinträchtigt.

Hemiplegie Halbseitenlähmung. Die Kontrolle über Bewegungen und das Gefühl einer Körperhälfte ist durch eine Hirnschädigung weitgehend oder völlig verloren.

Hirnstamm Teil des Gehirns, der die cerebralen Hemisphären mit dem Rückenmark verbindet; enthält Steuerzentren für lebenswichtige Organe wie Herz und Lungen.

Hydrocephalus (Wasserkopf). Eine Ansammlung von cerebrospinaler Flüssigkeit in den Ventrikeln des Gehirns.

Hypertension Zu hoher Blutdruck.

Hypotension Zu niedriger Blutdruck.

Hypotonie Muskelschwäche infolge einer verringerten Muskelspannung.

Infarkt Verschluß eines Blutgefäßes (in diesem Fall im Gehirn). Dadurch wird die Sauerstoff- und Nahrungszufuhr unterbrochen. Das Gewebe, das von diesem Blutgefäß versorgt wird, stirbt, und es kommt zu Funktionsausfällen.

Intrakraniell Im Gehirn.

Intrakranieller Druck (ICP) Der Druck innerhalb des Schädels und des Gehirns.

Kognitives Training Training bei Beeinträchtigung der geistigen Leistungsfähigkeit.

Koma Ausgeprägte Bewußtlosigkeit, aus der der Mensch nicht erweckt werden kann.

Kontusion Quetschung oder Abschürfung von Gehirngewebe.

Kontusionsblutung Gehirnblutung infolge einer Quetschung oder Abschürfung.

Logopädie Sprachtherapie.

Meninge Hirnhäute.

Meningitis Hirnhautentzündung. Kann als Folge eines Schädel-Hirn-Traumas, besonders bei einem Schädelbasisbruch, durch Eindringen von Viren verursacht werden.

Nasogastrischer Schlauch Ein Schlauch, der zur Verabreichung von Flüssignahrung durch die Nase in den Magen eingeführt wird.

Neglect Vernachlässigung einer Hälfte des Seefeldes aufgrund einer Aufmerksamkeitsstörung.

Neuron Nervenzelle.

Neuropsychologie Bereich der Psychologie, der sich mit der Diagnose und Behandlung der Auswirkungen neurologischer Erkrankungen beschäftigt.

Ödem Erhöhte Ansammlung von Flüssigkeit im Gewebe als Begleiterscheinung einer Hirnschädigung.

Okzipitallappen Gehirnregion, die sich im hinteren Teil des Kopfes befindet und hauptsächlich sowohl für die Wahrnehmung als auch für die Interpretation des Geschehenen verantwortlich ist.

Parietallappen Teil des Gehirns, der hauptsächlich für die Wahrnehmung und Interpretation von Empfindungen und Bewegungen verantwortlich ist.

Peripheres Nervensystem Nervensystem außer Gehirn und Rückenmark.

Photophobie Erhöhte Lichtempfindlichkeit der Augen.

Polytrauma Mehrfachverletzungen. Meistens liegen zusätzlich zum Schädel-Hirn-Trauma mehrfache Knochenbrüche sowie Beeinträchtigungen anderer Körperfunktionen vor.

Posttraumatische Amnesie (PTA) Phase nach einem Schädel-Hirn-Trauma oder anderweitiger Hirnverletzung, während der keine zusammenhängenden Erinnerungen gebildet werden können, auch wenn sich der Patient offensichtlich im Wachzustand befindet.

Retrograde Amnesie Verlust der Erinnerungen an die Zeit vor der Hirnschädigung infolge eines Schädel-Hirn-Traumas oder einer anderweitigen Hirnverletzung.

Schädelbasisbruch Brüche im unteren Bereich des Schädels.

Schädel-Hirn-Trauma (SHT) Verletzung des Gehirns durch Gewalteinwirkung.

Subdural Zwischen der Dura und dem Gehirn befindlich.

Temporallappen Teil des Gehirns, der für die Wahrnehmung und Interpretation von Geräuschen, Lauten und Sprache verantwortlich und für das Gedächtnis sehr wichtig ist.

Tracheotomie Eine Operation, bei der am Hals die Luftröhre geöffnet wird, um die freie Atmung zu gewährleisten.

Trepanation Eindringen in den Schädelknochen im Rahmen eines operativen Eingriffs.

Ventrikel Eine mit Flüssigkeit gefüllte, natürliche Aushöhlung im Gehirn.

Zentrales Nervensystem (ZNS) Gehirn und Rückenmark.

Zerebellum Kleinhirn. Teil des Gehirns, der im unteren hinteren Bereich des Kopfes sitzt und unter anderem für das Gleichgewicht verantwortlich ist.

Zerebral Das Gehirn betreffend.

Zerebrale Hemisphären Die beiden Hirnhälften.

Zerebraler Kortex Hirnrinde. Die zerfurchte Oberfläche des Gehirns, in der sich die grauen Gehirnzellen befinden.

Zerebrum Das Großhirn, das in der oberen Hälfte des Schädels sitzt.

Anhang B: Nützliche Adressen

Bundesselbsthilfeverband Schlaganfall-
betroffener e.V.
Altenessener Str. 392
45329 Essen
Tel. (0201) 350021

Bundesverband für die Rehabilitation
der Aphasiker e.V.
Georgstr. 9
50389 Wessling
Tel. (02236) 46698

Bund Deutscher Hirnbeschädigter e.V.
Humboldtstr. 32
53115 Bonn
Tel. (0228) 651012

Kuratorium ZNS
Humboldtstr. 30
53115 Bonn
Tel. (0228) 631153

Stiftung Michael
Private Stiftung für Epilepsiekranke
Hermannstr. 9
53225 Bonn
Tel. (0228) 462859

Ceres
Verein zur Hilfe für Cerebralgeschädigte e.V.
Schröderstr. 49
69120 Heidelberg
Tel. (06221) 475285

Stiftung Rehabilitation
Bonhoefferstr.
69123 Heidelberg
Tel. (06221) 88-0

Ceres
Verein zur Hilfe für Cerebralgeschädigte e.V.
Schröderstr. 49
69120 Heidelberg
Tel. (06221) 475285
und
Steinlachallee 14
72072 Tübingen
Tel. (07071) 71332

Schädel-Hirn-Patienten in Not e.V.
Bayreuther Str. 33
92224 Amberg
Tel. (09621) 64800

Dachverband der österreichischen Selbsthilfe-
gruppen
Figulystr. 4a
A-4020 Linz
Tel. (0043) 732-663421 oder 663468

Schweizerische Vereinigung für hirnverletzte
Menschen
Neuwiesenstr. 5
CH-8400 Winterthur
Tel. (0049) 52-203 2626

Cerebraal
Heyenoordseveg 3
NL-6813 Gg Arnheim
Tel. (0031) 85-517988

Anhang C: Weiterführende Literatur

Allgemeine Literatur

Gehirn und Kognition. Heidelberg (Spektrum der Wissenschaft) 1990.

Gehirn und Nervensystem. 9. Aufl. Heidelberg (Spektrum der Wissenschaft) 1988.

Hausmann, W. *Hoffnung alleine genügt nicht. Rehabilitation nach einer schweren Hirnverletzung.* 3. Aufl. Mainz (Matthias-Grünewald-Verlag) 1991.

Häusler, S. *Hirnverletzt. Ein Schicksal ohne Ende.* Deisenhofen (Dustri) 1991. [Erfahrungsbericht und Ratgeber.]

Huber, W.; Poeck, K.; Springer, L. *Sprachstörungen.* Stuttgart (Thieme) 1991.

Kleines Patienten-Rechte-ABC. Bremer Gesundheitsladen e.V., Braunschweiger Str. 53b, 28205 Bremen. [Rückporto beilegen.]

Kroker, I. *Sprachverlust nach Schlaganfall.* 2. überarb. Aufl. Heidelberg (Verlag für Medizin).

Mickeleit, B. *Ein Aphasiker erlebt seine Rehabilitation.* 4. Aufl. Bonn (Reha-Verlag) 1989.

Rehabilitation schwer Schädel-Hirnverletzter. Ausgabe 1987. Broschüre des Hauptverbandes der gewerblichen Berufsgenossenschaften. Landesverband München, Am Knie 6, 81241 München.

Sacks, O. *Der Mann, der seine Frau mit einem Hut verwechselte.* Reinbek (Rowohlt) 1987. [20 Erzählungen, in denen die Störungen aus der erworbenen Hirnschädigung dargestellt und verstehbar werden.]

Schwörer, C. *Der Apallische Patient.* Stuttgart (G. Fischer) 1988. [Ein einfach verständliches Fachbuch.]

Springer, S. P.; Deutsch, G. *Linkes/Rechtes Gehirn.* 2. Aufl. Heidelberg (Spektrum Akademischer Verlag) 1993.

Thompson, R. F. *Das Gehirn.* Heidelberg (Spektrum Akademischer Verlag) 1990.

Trapp-Erblad, I. *Katze fängt mit S an.* Frankfurt (Fischer Taschenbuch-Verlag) 1985.

Fachliteratur

Bundesarbeitsgemeinschaft für Rehabilitation (Hrsg.) *Arbeitshilfe für die Rehabilitation schädel-hirnverletzter Kinder und Jugendlicher.* Ausgabe 1990. Schriftenreihe der Bundesarbeitsgemeinschaft für Rehabilitation, Heft 1.

von Cramon, D.; Zihl, J. V. (Hrsg.) *Neuropsychologische Rehabilitation.* Berlin (Springer) 1988.

von Cramon, D.; Mai, N.; Ziegler, W. (Hrsg.) *Neuropsychologische Diagnostik.* Weinheim (VCH) im Druck.

Huber, W.; Poeck, K.; Springer, L. *Sprachstörungen.* Stuttgart (Thieme) 1991.

Luria, A. R. *Das Gehirn in Aktion. Einführung in die Neuropsychologie.* Reinbek (Rowohlt) 1992.

Pöppel, E. *Grenzen des Bewußtseins.* Stuttgart (DTV) 1987.

Prosiegel, M. *Neuropsychologische Störungen und ihre Rehabilitation.* München (Pflaum) 1991.

Rosenfield, I. *Das Fremde, das Vertraute und das Vergessene.* Frankfurt (G. Fischer) 1992.

Index

Über Leben und Überleben

Das Buch von Peter Ward ist eine faszinierende Weltreise zur wissenschaftlichen Erforschung unserer Vergangenheit und führt uns zu einigen der bemerkenswertesten Lebewesen der Erde, nämlich jenen Organismen, die seit Charles Darwin als lebende Fossilien bezeichnet werden. Der angesehene amerikanische Paläontologe führt seine Leser von den Lebensräumen der Nautili auf Neukaledonien über die Fundstellen fossiler Pfeilschwanzkrebse in Deutschland und Illinois bis zu den Komoren im Indischen Ozean, der Heimat der Quastenflosser. Das Überleben ohne oder mit nur geringen Veränderungen über Zeiträume von Millionen von Jahren macht diese Methusalems zu einem Brennpunkt in der aktuellen Wissenschaftsdiskussion über die Ursachen jener Katastrophen, die als große Aussterbephasen bekannt sind.

Peter Douglas Ward
Der lange Atem des Nautilus
1993, 200 Seiten
DM 44,- / sfr 44,- / öS 344,-
ISBN 3-86025-087-6

Spektrum
AKADEMISCHER VERLAG

Vangerowstraße 20 · 69115 Heidelberg

Verständliche Medizin

Begreifen – Behandeln – Bewältigen

Wie entsteht Mukoviszidose beziehungsweise Cystische Fibrose, und welche Folgen hat sie? Anschaulich wenden sich die Autoren an Patienten und ihre Angehörigen, aber auch an Personengruppen, die beruflich oder privat Kontakt zu Menschen mit Mukoviszidose haben.

Sie schildern, wie sich Lebenserwartung und Lebensqualität von Menschen mit Mukoviszidose durch entsprechende Ernährung, Medikamente, Atemtherapie, Krankengymnastik und Herz-Lungen-Transplantationen steigern lassen. Fortschritte in der Genetik ermöglichen eine vorgeburtliche Diagnose und lassen auf gezielte Therapieansätze hoffen.

Ann Harris / Maurice Super
Mukoviszidose
Krankheitsbild –
Ursache – Behandlung
128 Seiten
DM 38,- / sfr 36,- / öS 297,-
ISBN 3-86025-054-X

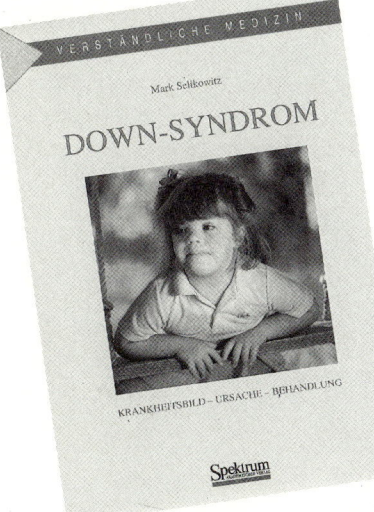

Mark Selikowitz
Down-Syndrom –
Krankheitsbild –
Ursache – Behandlung
192 Seiten
DM 39,80 / sfr 37,- / öS 311,-
ISBN 3-86025-055-8

Kinder mit Down-Syndrom zeigen in ihrer Entwicklung unterschiedlich ausgeprägte Verzögerungen. Deshalb ist eine individuelle Förderung für ihre körperliche und geistige Entwicklung entscheidend.

Einfühlsam hilft der Autor den Betroffenen, mit alltäglichen Problemen und Sorgen fertigzuwerden, und er erläutert die verschiedenen Förder-, Schul- und Bildungsmöglichkeiten. Ein ausführlicher Anhang enthält nützliche Adressen und Literaturhinweise.

Spektrum
AKADEMISCHER VERLAG

Vangerowstraße 20 · 69115 Heidelberg